四川省矿产资源潜力评价项目系列丛书(10)

四川省稀土成矿规律及资源评价

孙明全　罗其标　张博飞　范　勇
杨　柳　邓　涛　张卫华　龚　玥　编著

科学出版社

北　京

内 容 简 介

本书简要介绍了四川省稀土矿产勘查历史及开发利用概况,四川稀土矿的成因类型、时空分布、主要稀土矿产的资源特点。在本书总结的四川省稀土矿牦牛坪式岩浆–热液型、沉积型、伟晶岩型、第四系砂矿型、火山岩型和离子吸附型稀土矿等 6 种成因类型中,重点阐述了牦牛坪式岩浆–热液型主要矿床特征及其成矿模式。在四川全省Ⅳ级成矿区带划分的基础上划分了 5 个稀土Ⅴ级成矿远景区,并对其进行了远景评价。

本书可供从事地质教学、矿产勘查和地质科研人员参考使用。

图书在版编目(CIP)数据

四川省稀土成矿规律及资源评价 / 孙明全等编著. —北京: 科学出版社, 2017.2
(四川省矿产资源潜力评价项目系列)
ISBN 978-7-03-051842-2

Ⅰ.①四…　Ⅱ.①孙…　Ⅲ.①稀土元素矿床–成矿规律–四川②稀
土元素矿床–资源评价–四川　Ⅳ.①P618.7

中国版本图书馆 CIP 数据核字 (2017) 第 032518 号

责任编辑:张　展　罗　莉 / 责任校对:刘　勇
责任印制:罗　科 / 封面设计:墨创文化

科学出版社 出版
北京东黄城根北街16号
邮政编码:100717
http://www.sciencep.com

四川煤田地质制图印刷厂印刷
科学出版社发行　各地新华书店经销
*
2017 年 2 月第 一 版　　　开本:787×1092　1/16
2017 年 2 月第一次印刷　　印张:8
字数:185 千字
定价:78.00 元

"四川省矿产资源潜力评价"是"全国矿产资源潜力评价"的工作项目之一。

按照国土资源部统一部署，项目由中国地质调查局和四川省国土资源厅领导，并提供国土资源大调查和四川省财政专项经费支持。

项目成果是全省地质行业集体劳动的结晶！谨以此书献给耕耘在地质勘查、科学研究岗位上的广大地质工作者！

四川省矿产预测评价工作领导小组

组　　长：宋光齐

副组长：刘永湘　张　玲　王　平

成　　员：范崇荣　刘　荣　李茂竹

李庆阳　陈东辉　邓国芳

伍昌弟　姚大国　王　浩

领导小组办公室

办公室主任：王　平

副主任：陈东辉　岳昌桐　贾志强

成　　员：赖贤友　李仕荣　徐锡惠

巫小兵　王丰平　胡世华

前　言

　　稀土元素被誉为"工业的维生素"，具有优异的磁、光、电性能，对改善产品性能，增加产品品种，提高生产效率起到了巨大的作用。稀土元素已成为改进产品结构、提高科技含量、促进行业技术进步的重要元素，被广泛应用到了冶金、军事、航空航天、石油化工、玻璃陶瓷、农业和新材料等领域。

　　稀土元素是门捷列夫元素周期表第三副族中原子序数从 57 到 71 的 15 个元素，即镧系元素，包括镧（La）、铈（Ce）、镨（Pr）、钕（Nd）、钷（Pm）、钐（Sm）、铕（Eu）、钆（Gd）、铽（Tb）、镝（Dy）、钬（Ho）、铒（Er）、铥（Tm）、镱（Yb）、镥（Lu）。另外钪（Sc）和钇（Y）这两个元素在电子结构、化学性质与镧系元素相近，自然界中常共同产出，一般也归入稀土元素类。稀土元素又称稀土金属，通常用 REE 表示，REO 表示稀土氧化物总量。通常把镧、铈、镨、钕、钷、钐、铕称为轻稀土或铈组稀土，用 ΣCe 表示，以 ΣCe_2O_3 表示轻稀土氧化物；把钇、铽、镝、钬、铒、铥、镱、镥、钪、钇称为重稀土或钇组稀土，以 ΣY 表示，以 ΣY_2O_3 表示重稀土氧化物。

　　本书共分为六章。第一章回顾了四川省稀土勘查的历史，稀土矿的开发利用概况，简要介绍四川稀土矿的成因类型、地理分布、查明资源量、主要矿石矿物、共伴生组分、开采及选冶性能等。

　　第二章介绍四川省稀土矿的成矿地质背景，主要是扬子陆块西部边缘的后山基底逆推带、康滇轴部基底断隆带和金河－箐河前缘逆冲带 3 个四级构造单元的地质特征及相关的区域性控矿构造。

　　第三章介绍牦牛坪式岩浆－热液型稀土矿，总结了成矿模式。牦牛坪式岩浆－热液型稀土矿床与陆相侵入的碱性岩－碳酸岩系列岩石有关，是四川省内目前唯一有查明资源储量的稀土类型，共有矿产地 10 处，冕宁牦牛坪、德昌大陆乡和冕宁郑家梁子稀土矿是其中的代表。

　　第四章简要介绍了四川省沉积型、伟晶岩型、第四系砂矿型、火山岩型 4 种类型的伴生稀土矿，简要介绍了离子吸附型稀土矿的调查成果。

　　第五章总结四川省稀土矿的成矿规律，介绍了地质建造构造与稀土矿的关系，成矿时间及成矿区带的划分及成矿系列归属。

　　第六章主介绍四川稀土资源潜力评价的成果，并对四川离子型稀土矿的前景进行分析。

　　本书是在"四川省稀土资源潜力评价"研究成果的基础上，补充收集 2009 年以后形成的部分地质勘查资料总结而成。"四川省稀土资源潜力评价"研究成果是集体劳动的结晶，得到了四川省矿产资源潜力评价办公室领导和同仁的大力支持，尤其是得到了胡世华、肖懿、蒲广平、黄与能、赖贤友、范勇等专家学者的指导与帮助，在此深表谢意！

由于笔者水平有限，经验不足，书中错误之处在所难免，恳请各位专家和同仁批评指正。

2016 年 11 月

目　　录

第一章　四川省稀土资源概况

四川省位于我国西南腹地，辖区面积 48.6 万 km²，约占全国陆地面积的 5.1%。人口居全国第三位。稀土矿是四川省优势矿种之一，查明资源/储量位列全国第二。稀土矿主要集中分布于我省西南部攀西地区，包括凉山彝族自治州和攀枝花市。另外，在绵竹一带什邡式磷矿中有稀土元素以离子形态赋存于磷矿石中。

第一节　勘查开发概况

一、勘查概况

四川省稀土矿地质勘查工作经历了 20 世纪 50 年代末至 70 年代，20 世纪 80~90 年代以及 2007 年至 2014 年 3 个主要时期。

（一）20 世纪 50 年代末至 70 年代

20 世纪 50 年代末至 70 年代，在寻找放射性矿产和区域矿产调查工作中发现和评价了一批矿稀土矿产地。

1957 年四川省地质局西昌地质队将冕宁县包子山作为铜矿点进行检查，后经四川省地质局第一区测队复查，发现原认为的黄铜矿化地段为黄铁矿化。1965 年 8~11 月，四川省地质局西昌工作指挥部直属分队对该矿点进行放射性异常检查评价，发现了较富的铀矿化和稀土矿化，于 1966 年 9 月提交了《四川省冕宁县包子山稀土—铀矿点检查评价报告》。

四川省地质局西昌地质队于 1959 年下半年，在碉楼山矿点开展以萤石为重点的地质工作，发现了郑家梁子矿点，于 1960 年发现了萤石矿床中富含稀土元素，继而转向以稀土矿为重点的普查工作，1961 年 5 月结束野外地质工作，1961 年 7 月提交了《冕宁县木落稀土矿区地质普查报告》，估算了 C2 级 TREO 储量。

四川省地质局第一区测队于 1960 年 5 月，在 1:20 万区测工作重砂找矿中发现三岔河稀土矿，1961 年四川省地质局第一区测队与四川省地质矿产勘查开发局物探队合作进行了综合评价，1962 年 5 月结束野外工作并提交了《四川省冕宁三岔河稀土矿床综合评价报告》，估算了 C2 级表内外 Ce_2O_3 储量。

1961年四川省地质局西昌地质队在里庄羊房沟进行矿点检查工作，编写了放射性检查报告，提交了少量地表 C2 级表内外 Ce_2O_3 储量。

20世纪70年代，四川省地质局在攀西地区开展的 1：20 万区域地质调查工作中相继发现了大量的稀土矿（化）点，包括德昌石马村、会理半山田、德昌茨达等。

（二）20 世纪 80～90 年代

20世纪80～90年代，冕宁县牦牛坪和德昌县大陆乡两个大型稀土床矿的发现评价，确立了四川省稀土矿在全国稀土矿产中的重要地位。

1. 冕宁县牦牛坪稀土矿

1985年1月，四川省地质矿产勘查开发局 109 地质队在冕宁县牦牛坪地区开展铅锌矿普查工作，在岩矿光谱半定量分析成果中发现钇、铈、镧三种稀土元素普遍含量较高。1986年6月初，野外工作中发现稀土矿物——氟碳铈矿，同时认为牦牛坪地区稀土元素含量普遍较高，矿化范围较大，成矿条件有利，至此，矿区地质工作开始转向以稀土为主的普查评价。同年，地表槽探系统揭露及深部钻孔控制，初步圈定稀土含矿带长 2200 m，宽约 300 m，斜深 300 m。

1987年，四川省地质矿产勘查开发局 109 地质队采集了矿区Ⅰ号碱性伟晶岩型矿石初步可选性实验样，试验结果表明，矿石易选，铈、钇等中重稀土元素含量高于国内外同类矿床。同年，圈定控制含矿带长度增加到 2600 m，宽度增至 500 m，肯定了牦牛坪为一大型易选稀土矿床。经混合矿石小型工艺流程试验和Ⅲ号低品位细网脉状花岗岩型矿石初步可选性试验样品，精矿品位和回收率均在 60％以上，进一步肯定了矿床的工业价值。至1994年3月，四川省地质矿产勘查开发局 109 地质队完成了牦牛坪稀土矿区的普查工作（局部详查），提交了《四川省冕宁县牦牛坪稀土矿区普查地质报告》，较系统地总结了稀土矿的成矿地质条件、控矿因素、矿化特征。

1995年，四川省地质矿产勘查开发局 109 地质队在普查（局部详查）的基础上，进行地质勘探工作。至2001年3月，四川省地质矿产勘查开发局 109 地质队完成牦牛坪稀土矿北段 19～43 线勘探，分别提交了矿区 19～35 线和 35～43 线稀土矿资源/储量报告。

2. 德昌大陆乡稀土矿

20世纪90年代四川省地质矿产勘查开发局物探队，在德昌县大陆乡一带开展 1：5 万化探扫面工作，肯定了 1：20 万盐边幅（6/乙 1）化探异常存在，并指出该异常可能与稀土成矿有关，在异常区重砂矿物中见有氟碳铈矿、重晶石等。1994年，四川省地质矿产勘查开发局 109 地质队进行Ⅱ级异常查证时发现了该稀土矿，至1998年完成普查野外工作，1999年11月提交了《四川省德昌县大陆乡稀土矿区普查地质报告》，估算了 REO 资源量，矿床规模达大型。

（三）2007 年至 2014 年

这一时期主要是在原有矿山进行储量核实和补充勘查工作。

2007 年，四川地质矿产勘查开发局 109 地质队应四川省冕宁县稀土矿产资源整合指挥部委托，对牦牛坪稀土矿区的 19～75 勘探线范围内的稀土矿进行资源储量核实工作，并提交了《四川省冕宁县牦牛坪稀土矿区稀土储量核实报告》。同时对矿区的钼矿资源进行了调查，大致圈定钼矿体 4 个。2009 年四川江铜稀土有限责任公司为满足矿山开采设计需要，委托四川省地质矿产勘查开发局 109 地质队承担对牦牛坪稀土矿区南段（43～75 勘探线范围内）进行补充地质勘探工作，于 2010 年初提交了《四川省冕宁县牦牛坪稀土矿区勘探地质报告》。

2007 年四川省核工业地质局二八一大队，对德昌县大陆乡稀土矿区开展储量核实工作，并提交了《四川省德昌县大陆槽稀土矿资源储量核实报告》。2012 年 6 月至 2014 年 4 月四川省地质矿产勘查开发局 109 地质队受西昌志能实业有限责任公司委托对大陆乡③号体进行储量核实工作，并提交了《四川省德昌县大陆槽稀土矿区③号矿体资源储量核实报告》。

2008 年 9 月至 2009 年 6 月，四川省地质矿产勘查开发局 109 地质队受四川冕宁矿业有限公司的委托组织实施三岔河稀土矿区的稀土矿资源储量核实工作，提交了《四川省冕宁县三岔河稀土矿区稀土矿资源储量核实报告》。2011 年 9 月至 2012 年 8 月，四川冕宁矿业有限公司委托四川省地质矿产勘查开发局 109 地质队对四川省冕宁县三岔河矿区进行储量核实工作。在三岔河稀土矿区采矿权范围内圈出 17 个矿体，对其中的 3 号、4 号、9 号矿体进行了较为系统的地表工程揭露和钻孔控制，并提交了《四川省冕宁县三岔河矿区稀土矿资源储量核实报告》。

2010 年，四川省地质矿产勘查开发局 404 地质队对冕宁县里庄羊房沟稀土矿区进行了储量核实工作，并进行了大量的地勘工作，提交了《四川省冕宁羊房稀土矿资源储量核实报告》。2012 年，北京市地质矿产勘查开发总公司四川分公司再次对该矿进行了储量核实工作，并依据四川省地质矿产勘查开发局 404 地质队采集的地表槽探及深部坑探工程的数据对采矿权矿体进行了资源/储量估算，再次提交了《四川省冕宁县羊房稀土矿资源储量核实报告》。

2010 年四川省地质矿产勘查开发局 404 地质队对冕宁县木洛稀土矿进行储量核实工作，并提交了储量核实报告。

经过矿山储量核实和补充勘查工作，四川省稀土资源大幅增加，比如冕宁县牦牛稀土矿资源量在原有的基础上增加了近一倍，冕宁县里庄羊房沟稀土矿由小型变为中型，冕宁县三岔河稀土矿资源量在原有的基础上增加了近三倍。由此，巩固了四川省稀土矿在全国的重要地位，为四川省稀土资源基地的建设和稀土产业链的形成提供了资源保证。

二、开发利用概况

四川省稀土开发利用始于 1989 年，四川省地质矿产勘查开发局 109 地质队与冕宁县等合作，对牦牛坪轻稀土矿进行试探性的开采。经过 20 多年的发展，初步形成集采选、分离及深加工为一体的稀土产业链。稀土矿的开采、分解、冶炼及深加工企业以冕宁为中心，逐渐向外延伸、辐射，全省形成冕宁—西昌、乐山—邛崃—峨边、成都周边三片稀土产业区。

稀土矿山分布于攀西地区凉山州，大部分在该州冕宁县境内，次为德昌县。主要开采矿区为冕宁县牦牛坪矿区，次为冕宁县三岔河矿区、木洛（郑家梁子、碉楼山）矿区、羊房沟矿区及德昌县大陆乡矿区等。

2005 年以前，稀土开发一度非常混乱，采选企业多达 100 多户，多是小规模洞采，开采不规范、采富弃贫、回采率低、互相争矿、废渣随意堆放等问题突出，稀土资源和矿山环境均受到很大破坏。2005 年以后，国家、省、州、县先后采取了一系列措施，对以牦牛坪为主的稀土矿业秩序进行了大规模综合整治，取得显著效果，矿山企业逐步整合，稀土矿业秩序日益好转，矿山全部改为露天开采，采矿回采率大幅提升；选矿工艺水平也大幅改进提高。尤其 2007 年 4 月开始的整顿整合，关停了大部分小型矿山企业，至 2009 年，稀土矿山企业整合为 18 个（中型 1 个、小型 7 个、小矿 10 个）。稀土分离、冶炼及深加工也得到了快速发展。

2010 年，国土资源部将三岔河矿区、牦牛坪矿区、碉楼山矿区和郑家梁子矿区列为矿产资源开发整合重点矿区，以实现稀土矿产的整体开发、规模开发和有序开发。根据四川省相关规划要求，至 2011 年 6 月，凉山州稀土采矿权由 18 宗整合为 7 宗，基本改变了稀土矿山"小、散、乱、差"和乱挖、乱采的混乱局面，为实现四川省稀土矿产资源的集约化、有序化、规模化开采奠定了基础。

稀土矿分离的湿法冶炼始于 1993 年，由包头引进技术，采用化学法分解稀土矿生产氧化铈和氯化稀土；1995 年，建立了第一条萃取分离生产线，到 2007 年湿法冶炼企业发展到 15 家。

深加工应用方面，在农用稀土、稀土金属及合金、稀土磁性材料、发光材料、光学材料、催化材料、电子材料、环保及防腐材料等领域特别是新材料领域都有不同程度发展。

2011 年《国务院关于促进稀土行业持续健康发展的若干意见》颁布以来，稀土行业在资源保护、产业结构调整、应用产业发展、创新能力提升、管理体系建设等方面取得积极进展，行业发展质量迈上了新台阶。四川省围绕资源地建成凉山资源开采和冶炼分离基地；围绕消费市场建成成都稀土应用产业基地。

第二节　四川省稀土矿成因类型

矿床成因类型分类是对矿床研究的高度概括。袁见齐等（1985）提出一级划分为内生矿床、外生矿床、变质矿床、叠生矿床四大类，二级（固体矿产）划分为岩浆矿床、伟晶岩矿床、接触交代（夕卡岩）矿床、热液矿床、火山成因矿床、风化矿床、沉积矿床、接触变质矿床、区变质矿床、混合岩化矿床、层控矿床等11类。

《稀土矿产地质勘查规范》（DZ/T0204-2002）将我国稀土矿床分为超基性-基性岩系列包括超基性岩型、碳酸岩型、基性岩型；碱性岩系列包括霓霞正长岩型、正长岩-碳酸岩型、伟晶岩型、热液脉型；花岗岩系列包括花岗岩型、伟晶岩型、石英脉型；变质岩系列包括混合岩型、碳酸岩型；风化壳系列包括花岗岩风化壳型、混合岩化风化壳型、火山岩风化壳型；机械沉积系列包括碎屑岩型、残坡积型、冲积型、滨海砂矿；化学-生物化学沉积系列包括磷块岩型、铁质岩型、有机岩型共7大系列22个类型。

《中国稀土矿床成矿规律》（袁忠信等，2012）把全国稀土矿床分为内生矿床、外生矿床、变质矿床三大类，包括岩浆-热液型、碱性超基性岩型、正长岩型、碱性花岗岩型、钙碱性花岗岩型、伟晶岩型、沉积岩型、砂矿型、风化壳离子吸附型、浅粒岩-变粒岩型、混合岩-混合花岗岩型11个亚类型。

对于牦牛坪式稀土矿的成因不同的学者有不同的认识，有岩浆-热液型、碱性杂岩型、碱性岩-碳酸岩型等。根据笔者认识，牦牛坪式稀土矿成因与岩浆-热液充填作用更为明显，偏向于岩浆-热液成矿。

参照《中国稀土矿床成矿规律》划分方案和《稀土矿产地质勘查规范》（DZ/T0204-2002），四川省稀土矿成因类型可划分为牦牛坪式岩浆热-液型、沉积型、伟晶岩型、第四系砂矿型、火山岩型和离子吸附型等6种类型。

第三节　四川省稀土资源特点

在四川稀土矿的6种成因类型中，仅牦牛坪式岩浆-热液型轻稀土矿为独立矿床，已开发利用。沉积型、伟晶岩型、第四系砂矿型、火山岩型为其他矿产的共伴生矿，这4种类型以及离子吸附型这5种类型规模小，且品位低，基本未开发利用。

一、地理分布及规模

包括其他矿产伴生稀土矿，按主矿种规模小型以上，四川省共有稀土矿产地39处（图1-1，表1-1）。牦牛坪式岩浆-热液型轻稀土矿是四川省稀土矿资源最主要的稀土矿产类型，也是省内目前唯一独立的具工业价值稀土矿类型，集中分布于凉山州的冕宁县和德昌县，形成南北长约 150 km 的稀土成矿带和集中分布区，共有产地 10 处，包括大型矿床 2 处、中型矿床 3 处、小型矿床 3 处、矿点 2 处。此外，在攀西地区凉山州的西昌市、德昌县、会理县和攀枝花市的米易县以及德阳市的什邡市、绵竹市，绵阳市的安县等地也有零星稀土矿分布，但多数为与其他矿伴生，品位较低，或规模较小，无查明资源量。

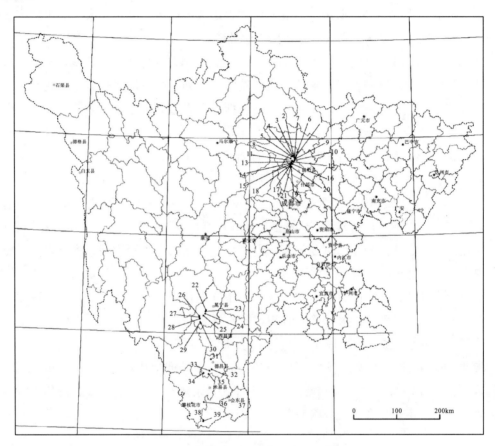

图 1-1   四川省稀土矿产地分布示意图

表 1-1   四川稀土矿产地简表

编号	矿产地名称	成因类型	成矿时代（期次）	主矿种	主矿种规模	稀土类型
1	安县石笋梁子	什邡式沉积型	泥盆纪	磷矿	中型	磷矿伴生轻、重稀土
2	绵竹市板棚子石笋西	什邡式沉积型	泥盆纪	磷矿	中型	磷矿伴生轻、重稀土
3	绵竹市板棚子黄土坑	什邡式沉积型	泥盆纪	磷矿	中型	磷矿伴生轻、重稀土
4	绵竹市板棚子三星岩	什邡式沉积型	泥盆纪	磷矿	小型	磷矿伴生轻、重稀土
5	绵竹市杨家沟	什邡式沉积型	泥盆纪	磷矿	小型	磷矿伴生轻、重稀土
6	安县南天门	什邡式沉积型	泥盆纪	磷矿	中型	磷矿伴生轻、重稀土
7	绵竹市红绸	什邡式沉积型	泥盆纪	磷矿	小型	磷矿伴生轻、重稀土
8	绵竹市长河坝	什邡式沉积型	泥盆纪	磷矿	中型	磷矿伴生轻、重稀土

续表1

编号	矿产地名称	成因类型	成矿时代（期次）	主矿种	主矿种规模	稀土类型
9	绵竹市桃花坪	什邡式沉积型	泥盆纪	磷矿	中型	磷矿伴生轻、重稀土
10	绵竹市芍药沟	什邡式沉积型	泥盆纪	磷矿	小型	磷矿伴生轻、重稀土
11	绵竹市罗茨梁子	什邡式沉积型	泥盆纪	磷矿	小型	磷矿伴生轻、重稀土
12	绵竹市王家坪燕子崖	什邡式沉积型	泥盆纪	磷矿	中型	磷矿伴生轻、重稀土
13	绵竹市王家坪黑沟	什邡式沉积型	泥盆纪	磷矿	小型	磷矿伴生轻、重稀土
14	绵竹市王家坪邓家火地	什邡式沉积型	泥盆纪	磷矿	中型	磷矿伴生轻、重稀土
15	绵竹市王家坪丝瓜架	什邡式沉积型	泥盆纪	磷矿	小型	磷矿伴生轻、重稀土
16	绵竹市王家坪马家坪	什邡式沉积型	泥盆纪	磷矿	大型	磷矿伴生轻、重稀土
17	绵竹市英雄崖	什邡式沉积型	泥盆纪	磷矿	中型	磷矿伴生轻、重稀土
18	什邡市岳家山	什邡式沉积型	泥盆纪	磷矿	中型	磷矿伴生轻、重稀土
19	绵竹市马槽滩河东	什邡式沉积型	泥盆纪	磷矿	中型	磷矿伴生轻、重稀土
20	绵竹市马槽滩兰家坪	什邡式沉积型	泥盆纪	磷矿	中型	磷矿伴生轻、重稀土
21	什邡市马槽滩河西	什邡式沉积型	泥盆纪	磷矿	中型	磷矿伴生轻、重稀土
22	冕宁三岔河	岩浆－热液型	喜马拉雅期	稀土	中型	轻稀土
23	冕宁牦牛坪	岩浆－热液型	喜马拉雅期	稀土	大型	轻稀土
24	冕宁包子村	岩浆－热液型	喜马拉雅期	稀土	矿点	轻稀土
25	冕宁马则壳	岩浆－热液型	喜马拉雅期	稀土	小型	轻稀土
26	冕宁木洛碉楼山	岩浆－热液型	喜马拉雅期	稀土	小型	轻稀土
27	冕宁木洛郑家梁子	岩浆－热液型	喜马拉雅期	稀土	中型	轻稀土
28	冕宁木洛方家堡	岩浆－热液型	喜马拉雅期	稀土	小型	轻稀土
29	冕宁马颈子	岩浆－热液型	喜马拉雅期	稀土	矿点	轻稀土
30	冕宁羊房沟	岩浆－热液型	喜马拉雅期	稀土	中型	轻稀土
31	德昌阿月	离子吸附型	第四纪	稀土	矿点	重稀土
32	德昌石马村	离子吸附型	第四纪	稀土	矿点	轻稀土
33	德昌麻地	离子吸附型	第四纪	稀土	矿点	重稀土
34	德昌大陆乡	岩浆－热液型	喜马拉雅期	稀土	大型	轻稀土
35	德昌茨达	残坡积－冲洪积型	第四纪	锆石	小型	锆石共生褐钇铌矿
36	米易路枯	碱性伟晶岩型	印支期	铌、钽	中型	铌钽伴生轻稀土
37	会东干沟	火山岩型	晋宁期	铌、钽	小型	铌钽伴生重稀土
38	会理半山田	离子吸附型	第四纪	稀土	矿点	轻稀土
39	会理绿湾	残坡积－冲洪积型	第四纪	稀土	矿点	重稀土

二、查明稀土资源量

四川省查明的稀土资源量主要为牦牛坪式岩浆－热液型轻稀土矿，根据2009年底稀土统计的查明资源储量，以及2009年以后各矿山企业委托勘查单位进行勘查工作所编写的勘查报告，牦牛坪式岩浆－热液型轻稀土矿估算了333类以上资源量达数百万吨。此外，与稀有金属伴生的稀土矿中，德昌县茨达、会东县干沟、米易县路枯共估算了伴生稀土资源量数万吨。

三、主要矿石矿物

四川省稀土矿以轻稀土为主，主要矿石矿物为氟碳铈矿，少量硅钛铈矿、氟碳钙铈矿、硅钛铈矿和贝塔石等；重稀土较少，主要矿石矿物为独居石、铌钇矿、褐钇铌矿、磷钇矿等；另外有部分稀土以离子形式吸附于黏土矿中。

四、共伴生组分

主要稀土矿床的矿石中除稀土元素外，还伴生有大量的萤石、重晶石、Pb、Mo、Bi、Ag 等可综合利用的有用组分，在德昌县大陆乡稀土矿中，尚含有锶重晶石、钡重晶石、天青石，矿床中 SrO、BaO 含量分别达到 15.73%、4.40%，换算成 $SrSO_4$、$BaSO_4$，分别为 26.96%、7.14%，已达到独立锶矿床工业品位（$SrSO_4 > 25\%$）的要求。

五、开采及选冶性能

主要稀土矿床的矿体埋藏浅，主要矿床均可露采，采矿回采率高，工业矿物单一，绝大部分为氟碳铈矿，其次为氟碳钙铈矿，少量硅钛铈矿等，粒度粗大，精矿回收率较高，有害杂质极低，选冶性能好。

第二章 稀土成矿地质背景

第一节 区域构造单元

依据《四川省地质构造与成矿》(张建东等，2016)的大地构造单元划分方案，四川省划分为上扬子陆块区，西藏—三江造山系，秦祁昆造山系3个一级构造单元，4个二级构造单元，16个三级构造单元，30个四级构造单元(图2-1，表2-1)。秦祁昆造山系仅极少部分位于四川省北部边缘。北东向的丹巴—茂汶断裂和北北东向小金河断裂将四川省近似分为面积相近的两部分，西侧为西藏—三江造山系(I级构造单元)的松潘—甘孜造山带(II级构造单元)，东侧为扬子陆块区(I级构造单元)的上扬子陆块(II级构造单元)。

四川省稀土矿分布于上扬子陆块西部边缘，基本上沿丹巴—茂汶断裂—小金河断裂东侧一线分布，主要包括龙门山前陆逆冲-推覆带(三级构造单元)的后山基底逆推带(四级构造单元)、攀西陆内裂谷带(三级构造单元)的康滇轴部基底断隆带(四级构造单元)和盐源—丽江前陆逆冲-推覆带(三级构造单元)的金河—箐河前缘逆冲带(四级构造单元)。

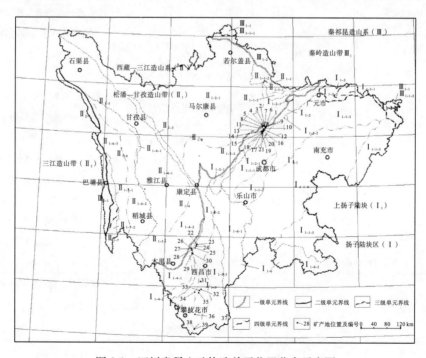

图 2-1 四川省稀土矿构造单元位置分布示意图

表 2-1 四川省大地构造分区表

一级单元	二级单元	三级单元	四级单元
扬子陆块区 I	上扬子陆块 I₁	四川陆内前陆盆地 I 1-1	川西山前拗陷 I 1-1-1
			龙泉山前隆带 I 1-1-2
			川北压陷盆地 I 1-1-3
			川中拗陷盆地 I 1-1-4
			华蓥山滑脱－褶皱带 I 1-1-5
		龙门山前陆逆冲－推覆带 I 1-2	后山基底逆推带 I 1-2-1
			前山盖层逆推带 I 1-2-2
		米仓山－南大巴山前陆逆冲－推覆带 I 1-3	米仓山基底逆推带 I 1-3-1
			南大巴山盖层逆推带 I 1-3-2
		盐源－丽江前陆逆冲－推覆带 I 1-4	盐源盖层逆推带 I 1-4-1
			金河－箐河前缘逆冲带 I 1-4-2
		攀西陆内裂谷带 I 1-5	雅砻江－宝鼎裂谷盆地 I 1-5-1
			康滇轴部基底断隆带 I 1-5-2
			江舟－米市裂谷盆地 I 1-5-3
		上扬子南部陆缘逆冲－褶皱带 I 1-6	峨眉－凉山盖层褶冲带 I 1-6-1
			筠连－叙永盖层褶冲带 I 1-6-2
西藏－三江造山系 II	松潘－甘孜造山带 II₁	摩天岭地块 II 1-1	碧口基底逆推带 II 1-1-1
			雪山－文县盖层褶冲带 II 1-1-2
			平武－青川盖层褶冲带 II 1-1-3
		巴颜喀拉－松潘周缘前陆盆地 II 1-2	马尔康滑脱－逆冲带 II 1-2-1
			丹巴－汶川滑脱－逆冲带 II 1-2-2
		炉霍－道孚夭折裂谷 II 1-3	
		雅江残余盆地 II 1-4	石渠－九龙滑脱－逆冲带 II 1-4-1
			江浪－长枪变质核杂岩带 II 1-4-2
		甘孜－理塘蛇绿混杂岩带 II 1-5	
		义敦－沙鲁里岛弧带 II 1-6	玉隆－雄龙西弧前盆地 II 1-6-1
			沙鲁里火山岩浆弧 II 1-6-2
			登龙－青达弧后盆地 II 1-6-3
		中咱－中甸地块 II 1-7	中咱盖层逆推带 II 1-7-1
			盖玉－定曲前缘逆冲带 II 1-7-2
	三江造山带 II₂	金沙江蛇绿混杂岩带 II 2-1	
秦祁昆造山系 III	秦岭造山带 III₁	西倾山－南秦岭地块 III 1-1	降扎－迭部盖层褶冲带 III 1-1-1
			北大巴山盖层褶冲带 III 1-2
		塔藏俯冲增生杂岩带 III 1-2	

第二节　大型断裂构造

四川省内大型断裂构造众多，与稀土成矿和分布有关的主要有茂汶深断裂带、小金河断裂带、北川—映秀断裂带、金河—箐河断裂带、南河—磨盘山断裂带、安宁河断裂带和小江断裂带。它们不仅控制着地层的分布，通常也是岩浆上升的通道，稀土矿常沿这些断裂带成群成带分布。比如什邡式磷矿伴生稀土矿分布于茂汶深断裂带与北川—映秀断裂带所辖的龙门后山基底逆推带，牦牛坪式稀土矿分布于由小金河断裂带、金河—箐河断裂带、南河—磨盘山断裂带构成的断裂系统内，离子吸附型稀土矿与沿南河—磨盘山断裂带和安宁河断裂带分布的岩浆岩密切相关。

一、茂汶深断裂带

茂汶深断裂带为四川省内松潘—甘孜造山带与上扬子陆块的分界断裂带，习称龙门山后山断裂，为龙门山推覆构造的北界中南段，北起茂汶，南经汶川、陇东至泸定，长230 km，西侧之金汤弧逆冲叠瓦构造的构造线与其斜接。

耿达以南断裂带多发育在变质的古生界中，向北西与泥曲—玉科断裂带（四川省区域地质志，1991）相接，平面上呈一向南凸出的弧形。该断裂带由一系列平行排列的断裂组成，常被次级断层错开，其中以弧顶西侧右行走滑断层（扑鸡沟断层）错距较大，达 7~8 km。北东翼走向北东 45°，倾向北西，倾角 70°以上。在莫玉、溪河沟一带断裂发育于通化组与泥盆系捧达组之间，走向 130°~145°，倾向北东，倾角 55°~75°；上盘为通化组变基性火山岩、凝灰质千枚岩和白云岩，下盘为捧达组厚层块状灰岩、生物碎屑灰岩和角砾状灰岩。断裂宽约 200 m，由劈理密集带、应变滑劈理带、脉石英揉皱带及碎裂岩化带组成；构造岩主要为糜棱岩、糜棱岩化灰岩及角砾岩等，相对脆性的灰岩多呈构造块体或构造凸镜体产出；在露头上见强劈理带呈间隔性分布。断裂带中黑云母变斑晶形成拉伸线理、应变滑劈理显示了由北东向北西的逆冲剪切。

断裂在耿达至汶川段发育在茂县群与"彭灌杂岩"、康定群、黄水河群之间。耿达附近破碎带宽 100 m，影响范围宽 1 km 以上。汶川至茂汶以北，断裂沿岷江延伸，西侧为灯影组、寒武系，以东为志留系茂县群、泥盆系月里寨群。这是一条北东走向长期发展的深断裂，其上盘向南东推覆仰冲，并具反扭特征。沿断裂带碎裂岩化发育，常见黄水河群、震旦系灯影组呈碎裂岩块或构造透镜体夹于断裂带中。

综合分析认为，该断裂带早期表现为韧性，晚期韧脆—脆性，但先后运动的方向和断面产状则变化不大。

此断裂带地震活动频繁，据记载震级 5 级以上的有：1488 年 9 月 15 日茂汶地震（M_s＝5.5），1933 年 8 月 25 日叠溪地震（M_s＝7.5），1958 年 2 月 8 日茂汶东地震（M_s＝

6.2)，也是 2008 年 5 月 12 日汶川—北川地震（M_s＝8）的重要发震断层。

二、北川—映秀断裂带

北川—映秀断裂带为龙门山推覆构造带主中央断裂，也是后山基底逆推带与前山盖层逆推带两个Ⅳ级构造单元的分界断裂，什邡式磷矿伴生稀土矿就产于后山基底逆推带中。该断裂带北起广元，南达泸定，其间穿过彭灌—九里岗、宝兴复式背斜，长 400 余千米，走向北东。在卫片上，各线性构造的地貌景观为直线或弧形展布的凹地、断层崖、构造透镜体等。断裂带平面上多分叉、复合，断面呈波状，并有叠置的推覆岩片夹于其间。在宝兴县盐井一带可见断裂带走向约 40°，呈波状弯曲，倾向北西，倾角变化较大大。盐井、五龙、明礼一带茂县群逆冲推覆于二叠系阳新组、峨眉山玄武岩、吴家坪组和三叠系飞仙关组、须家河组等不同层位的地层之上。

断裂带以韧性剪切形变为主要特征，发育有透入性片理、糜棱岩、塑性揉皱流变带，并有脆性岩石夹层形成的石香肠与变形压扁的化石、砾石等，以及构造剪切力形成的区域动力变质岩。但在断裂前锋，当上冲接近地表浅构造层次时，则为以压碎岩、碎裂岩、构造角砾岩等为标志的脆性形变为主。在早期韧性形变基础上，常叠加了后期张性脆性形变。断裂两侧分属中深构造层次产物的韧性剪切形变和浅构造层次的脆性形变，可直接接触，佐证了中生代晚期特别是新生代以来，断裂两侧曾发生显著的断块差异运动。断裂带中的主断裂多属推覆剪切滑移面的地表露头形迹，断面上、下盘则为规模不等的外来推覆岩席。该断裂带新构造运动强烈，地震频繁。5 级震级以上的地震，如 1597 年 2 月 14 日北川地震（M_s＝5），1657 年 4 月 21 日汶川地震（M_s＝6），1958 年 2 月 8 日北川地震（M_s＝6），2008 年 5 月 12 日汶川—北川地震（M_s＝8.0）。

三、小金河断裂带

小金河断裂带北起石棉西油房，向北与金汤弧逆冲叠瓦构造的构造线相接，向南沿小金河、锦屏山，进入云南，四川境内长 250 余千米。小金河断裂带为锦屏山逆掩推覆带后缘断裂，也是松潘—甘孜造山带与上扬子陆块的分界线。木里附近，该带呈向南突出的弧形，由多条向北倾、呈上陡下缓的叠瓦状弧形逆冲断层及位于其间的褶皱群组成，前缘有推覆岩片侵蚀后残留的飞来峰群。锦屏山一带，断面陡立，岩层破碎，构造角砾岩、小柔皱、片理发育，面状构造产状与主断裂一致。该断裂带向北东方向延伸时形迹逐渐减弱，仅剩前缘主边界断裂。断层崖绵延数千米至十余千米，地貌特征明显。

小金河断裂带为韧—脆性剪切变形带，断裂带两侧发育的构造挤压带中，岩层小柔皱及劈理发育，并有牵引、倒转现象，且构造岩与擦痕发育。

古生代至三叠纪，小金河断裂带两侧的大地构造环境是不同的。北西为弧后洋盆，三叠纪末期由弧后扩张转为弧后萎缩。最终弧后洋盆闭合乃至弧-陆碰撞造山，成为三江造山带的组成部分。先期沉积的古生界、三叠系遭受区域动力变质作用，并伴随有中酸性岩浆岩侵位。南东为边缘拗陷区，盖层建造未遭受区域变质作用，也无中酸性岩体侵位。

四、金河—菁河断裂带

金河—菁河断裂带为康滇轴部基底断隆带与金河—箐河前缘逆冲带的分界断裂，同时也是盐源—丽江前陆逆冲-推覆带与攀西陆内裂谷带的分界断裂。该断裂带北起石棉西油房，向南经马头山、里庄、金河，至菁河延入云南永胜与程海深断裂相连，省内延长逾 300 km，该断裂带向南连接的程海断裂带（云南境内），总计可长达 459 km 以上，故又称金河—程海断裂带，为锦屏山逆掩推覆带前缘断裂。

断层面一般西倾，倾角 $45°\sim50°$。在金河大桥，灯影组白云岩逆冲于晚三叠世砂页岩之上，并使之褶皱倒转。在小沟—银厂沟一带，上盘古生界推覆体具叠瓦状冲断构造特征。北部冕宁一带，晚二叠世地层逆冲在白垩纪花岗岩之上。一般，北段以韧性为主，南段多具脆-韧性变形特征。断裂带发育糜棱岩和碎裂岩，并可见褶皱出现。剪切带内存在典型的蚀变特征，形成以绿泥石-方解石组合为特征的绿泥石外蚀变带和以铁白云石-绢云母-石英-黄铁矿组合为特征的碳酸盐内蚀变带，其中产有密集分布的金（银）矿化，如著名的茶铺子金矿床。

该断裂带两侧，古生代以来的构造环境明显不同。西侧从震旦系至二叠系，除缺失个别地层外，基本是一套连续的海相沉积；三叠纪在断裂西侧为一套滨海相红色陆源碎屑岩及蒸发岩建造，尔后上升为剥蚀区。东侧，除局部分布上震旦统、下寒武统、中及上泥盆统、下二叠统外，古生代其余时期则处于隆起剥蚀状态；三叠纪为丙南组红色类磨拉石建造，大乔地组、宝鼎组灰色陆屑建造。

在断裂带及附近二叠纪海相玄武岩堆积厚度达 3500 m，基性超基性小岩体其延伸方向与断裂走向一致，且受到强烈的动力变质，表明该断裂可能为达上地幔的深大断裂；地球物理资料也显示断裂带两侧航磁和重力异常差别较大，西侧为负磁异常和重力低值带，东侧出现众多的正异常，为地壳厚度变化梯度带。

在古生代裂谷作用发育早期，该断裂带是玄武岩浆的上升通道，三叠纪则由于西藏—三江造山系回升使断裂带的力学性质转变为压性。侏罗纪以来，除具挤压逆冲性质外尚具左旋扭动，为一比较典型的压扭性断裂带。断裂带内上三叠统煤系及侏罗系红层构成的楔状构造透镜体普遍发育，地貌上呈河谷或山垭，岩石遭受一定程度的动力变质。喜马拉雅期形成一系列叠瓦状断层，盐源以北三叠系中连续发育有一组轴向为 $30°\sim80°$的弧形褶皱，轴线均向南东突出，外缘岩层陡立面甚直倒转，内缘则较平缓。箐河等地，断裂以西发育一系列轴向为北西的弧形褶皱，指示断裂两侧曾遭受左旋扭动。该断裂带新构造运动也比较强烈。

五、南河—磨盘山深断裂带

南河—磨盘山深断裂带为康滇轴部基底断隆带内部断裂，北起冕宁与安宁河断裂相交，南经里庄、普威、红格，沿金沙江南下接云南绿汁江深断裂带，省内长大于 300 km。在卫片上该带表现为由若干平行且不连续的断裂组成。深断裂在地貌上多表现为断裂谷、盆，入滇后表现为醒目的元谋盆地东侧的直线性边界。总体走向近南北，倾向西，地表倾角 65°~78°。该断裂带切割了康定群、会理群、震旦系，对上三叠统宝鼎组及侏罗红层沉积的控制较为明显。

断裂带对两侧的地层、建造控制明显。西侧出露康定群变质岩系及中条期云英闪长岩、奥长花岗岩。东侧没有此期地层及岩体。中元古代两侧大地构造环境显著不同，以东为冒地槽，以西为优地槽。断裂带西侧沉积了厚达 4000 m 的三叠系丙南组、大荞地组以及 3000 m 以上的侏罗系红层，白垩系不发育；东侧三叠系白果湾组仅数百米，白垩系则厚达千余米。沿断裂带不仅有晋宁期、澄江期中酸性岩浆岩分布，也有华力西期基性、超基性岩浆活动，且规模十分可观。红格一带昔格达组盖于断裂之上，内有常见小断层及褶皱，说明喜马拉雅期该带仍有活动。鱼鲊附近动力变质带宽 2.8 km，岩石破碎、褶皱加剧、劈理发育，许多构造形迹表明，断裂不仅有逆冲推覆，还具反扭特征。沿断裂带的航磁异常特征是，以突出于区域磁力低背景上的南北向线性异常把本区划分东西两部分。重力资料表明，在区域负场内沿本带出现了一条由串珠状高值区组成的呈南北向展布的重力高值带。这表明地壳厚度变化是明显的。据爆炸地震研究结果证实红格、鱼鲊一带存在着深部断层，为一重力梯度变化带，断层西部为上升盘展布的重力高值带。

六、安宁河断裂带

安宁河断裂带为康滇轴部基底断隆带内部断裂，断裂带纵贯康滇基底岩系分布区，北起金汤向南沿大渡河至石棉，经冕宁、德昌、会理，过金沙江入云南。四川境内长 400 km，是峨眉山玄武岩浆喷发的主要通道之一。

该断裂带有四个特点：一是形成时间早，继承先成基底断裂，发生过多期活动，始终对康滇地区地质构造发展起着控制作用。二是不同构造阶段表现不同的力学性质，中元古代初为张性岩石圈构造；新元古代早期使之转化为压性壳构造；南华纪转为张性岩石圈构造；二叠纪—三叠纪发展为裂谷型岩石圈构造；新生代被改造成逆冲—走滑构造。三是二叠纪—三叠纪的张性构造属性最为明显，组成攀西上叠裂谷的主干断裂，控制着裂谷岩浆活动和盆地的形成。四是构造的整个演化过程，反映了地壳运动张压性交替的旋回性。

该断裂带沿安宁河谷发育,切割了前南华系、震旦系、寒武系、下奥陶统、下二叠统及侏罗纪、白垩纪红层,并对白果湾组等分布有明显的控制作用,沿断裂带有二叠纪末—三叠纪初的玄武岩及基性岩超基性岩分布,前震旦纪地层普遍糜棱化。该构造由 4～6 条平行的南北断裂组成,宽几米到十千米。多向西倾,倾角 50°～75°。《四川省区域地质志》(1991)把该构造分为 3 段,北段在石棉以北,断裂多显示逆冲性质,韧性剪切特征明显。中段在石棉至德昌间,断裂多为压扭性质。沿断裂谷地新生界广泛发育。谷间有狭窄的平顶断块山。南段在德昌以南,构造破碎带明显,会理附近两侧地貌特征差异大。在金沙江以南的白垩系中,卫片上断裂带的影像清晰。

1. 北段

北段以基底岩系中发育韧性剪切带为特征。糜棱岩带出露宽度多在 1 km 以上。片麻理走向与剪切带延伸方向大体一致,面理(S_1)多向西倾,倾角 50°～75°。糜棱岩带中心多出现条带、条纹状糜棱岩;两侧为糜棱岩化混合岩或斜长角闪岩,与围岩间为渐变过渡,无明显界线。

糜棱岩带的组构特征:宏观上,混合岩中斜长角闪岩残留体一般呈近等轴不规则状,而在糜棱岩中斜长角闪岩残留体则呈透镜状,长短轴之比多大于 10:1。微观上,石英单个晶体构成的拉伸线理十分清楚,多出现在 S_1 倾角较平缓的地段,其拉伸方向与剪切带走向线近于垂直,说明其是在近东西向挤压应力下产生的。拉伸线理的 XY 轴向西斜,倾角 50°左右,表明该带主要是在简单剪切机制下形成的。

在泸定北,糜棱岩中发育一组倾伏小柔皱,其轴面多倾向 215°,倾角小于 60°,可代表褶皱主应力的方向。小柔皱轴面走向与剪切带延伸方向有 40°左右的夹角。这指示剪切带两侧地块具右旋滑动,代表韧性剪切带晚期的活动方式。

以上表明在构造形变过程中该剪切带存在两期不同的应变方式,早期是近东西向的逆冲推覆,晚期为具右旋性质的逆冲。这两组不同期次、不同方向的应变形迹是同一构造运动中由于区域应力场的逐渐改变所致。

2. 中段

石棉至德昌间是安宁河构造带最典型的地段,具深断裂性质。其沿安宁河发育,由 4～6 条平行的南北向断裂组成,宽数米至十千米。带内挤压破碎现象明显,白果湾组、侏罗系红层的构造透镜体常见,并有辉绿岩体侵位,主要特征如下。

(1)构造带对两侧的地层有明显的控制作用,以西有康定杂岩及灰色中深变质岩系,缺失南华系和古生界,中生界仅有上三叠统宝鼎组类磨拉石建造。以东无康定杂岩,出露登相营群、南华系、震旦系、寒武系、下奥陶统、二叠系等地层,中生界仅有上三叠统白果湾组灰色复陆屑建造。

(2)构造带是一条多旋回火成杂岩的分布带,岩石具分带性。东侧有新元古代火山岩、花岗岩，南华纪火山岩、喷发—沉积岩、花岗岩。沿断裂带有中新元古代、二叠纪末—三叠纪初的基性超基性岩体侵位，并形成二叠纪末—三叠纪初的大陆玄武岩建造。中生代花岗岩则局限于断裂带西侧。

(3)地球物理特征明显。构造带以南北向连续分布的航磁正异常和成片分布的航磁负异常分界线显示其存在。在冕宁至西昌段的安宁河谷，东侧是平静负磁场，西侧是高磁场区，异常差异明显，界线整齐分明。据电测结果，西昌以北安宁河谷的基岩河西比河东高得多。昔格达组在西岸底板埋深约150 m，东岸300～500 m。

(4)构造带的新构造活动(新近纪以来)显著，昔格达组发生褶皱、断裂，小褶皱轴的方向表明近期断裂作用具左旋扭动性质。有记载的在这个带上6级以上的强震就不下于6次，其中包括1536年3月19日西昌—冕宁地震(M_s≥7.5)，1850年9月12日西昌地震(M_s=7.5)。构造带附近有很多温泉，在喜德、西昌都有分布。

3. 南段

南段切割了前南华纪会理群、震旦系、寒武系、下奥陶统、下二叠统及侏罗、白垩纪红层，并对白果湾组等有明显的控制作用。沿断裂带有二叠纪末—三叠纪初的玄武岩(厚逾1000 m)及基性、超基性岩分布。后期，断裂带又多次活动，使上述地层和岩石遭受破坏。

七、小江逆冲断裂

小江逆冲断裂北起石棉，经普雄、布拖，沿小江进入云南，省内长约300 km，为攀西陆裂谷带与上扬子南部陆缘褶冲带两个三级构造单元的分界构造，断裂西侧为攀西陆内裂谷带，东侧为上扬子南部陆缘逆冲－褶皱带。断裂构造北段倾向70°～110°，倾角一般50°～80°，南段倾向200°～280°，倾角一般60°～70°，据航磁、重力物探资料，沿构造带有一系列异常和重力等值线密集带，经校正后的重力异常位置显示，构造带在深部向东倾斜。沿断裂带构造角砾岩、碎裂岩、碎裂岩化岩石、强劈理化岩石发育，并有构造透镜体、构造节理，局部见牵引褶皱、擦痕。在普雄河东岸可见挤压碎裂带宽达数百米。断裂带中发育一系列南北向紧密褶皱和波状弯曲的断裂，主断裂常有分叉复合现象。断裂以西褶皱形态开阔、平坦，呈低缓褶曲；东侧背斜呈现高隆起或倒转现象，向斜平缓、开阔。

该断裂对古生代、中生代地层的控制作用显著，志留系、泥盆系、三叠系在断裂以东发育，而断裂以西仅零星分布；白垩系恰好相反，主要是在西侧发育。另据云南省资料，西侧昆阳群的碳酸盐建造发育，东侧出现硅质火山岩建造。矿化作用主要发生在断裂带西侧(上盘)的次级断裂中，主要为铅锌矿化，次为铜矿化，在以麦地坪段的复合部位常有铅锌矿床产出。

断裂带晋宁早期的深切活动诱发中酸性岩浆形成并沿其上升喷发,形成天宝山组中酸性火山岩(金阳对坪),深切活动还使幔源基性岩浆沿断裂上升侵位,形成变基性岩脉;晚期,断裂继续活动,诱发重熔型跑马二长花岗岩的侵位,使其沿断裂带南北向带状分布。澄江期沿小江断裂构造带控制钙碱性中酸性岩浆活动,形成呈带状分布的苏雄组,随后断裂带东侧地块发生裂陷形成近南北向的裂陷盆地,断裂带则成为裂陷盆地的西界,其南东侧发育以开建桥组、列古六组为代表的类磨拉石建造。晚二叠世裂谷期小江断裂发生大规模张裂活动,并成为基性玄武岩浆喷溢通道,堆积了厚逾千米的峨眉山玄武岩组。印支—燕山期进入陆内改造阶段,小江断裂持续活动影响着两侧盆地的沉积。新生代该断裂带走滑活动显著,局部形成一系列新生代盆地,地貌上呈地堑式凹陷,控制了泥炭、褐煤的沉积。沿断裂带有多处温泉,并且地震活动也比较频繁。

第三节　与稀土成矿有关构造单元特征

四川省稀土矿主要分布于龙门后山基底逆推带、康滇轴部基底断隆带和金河—箐河前缘逆冲带三个四级构造单元。

一、龙门后山基底逆推带

龙门后山基底逆推带东西分别以北川—映秀断裂、茂汶深断裂带为界。以出露由康定群、黄水河群和通木梁群组成的基底变质岩系为特征。现呈大型基底推覆体产出,逆冲作用始于晚三叠世,晚白垩隆升地表,至今仍有活动。

(一)地层

地层以出露由康定群、黄水河群和通木梁群组成的基底变质岩系为特征,主要为中新元古代变质中基性火山岩组合和复理石建造(变粒岩、绿片岩和绢云石英片岩);南部宝兴一带部分发生混合岩化。其上可见盖覆有志留纪和泥盆纪稳定陆缘沉积残余。

(二)火山岩

龙门后山基底逆推带主要有南华系盐井群的石门坎组火山岩和黄店子组火山岩。

南华系盐井群火山岩总体上可划分为两个旋回,下部旋回主要由石门坎组的火山岩组成;上部旋回由黄店子组中的火山岩组成,形成于活动陆缘环境(海相)。

石门坎组下部以溢流相玄武岩-流纹岩为主,上部以爆发相流纹岩(英安岩)-流纹质火山角砾岩、凝灰岩,或流纹质火山角砾岩-凝灰岩为主;黄店子组中的火山岩由安山岩-粗面岩、粗面岩-粗面质火山碎屑岩组成多个韵律。火山岩相似溢流相为主,西部黄店子一带中部偶有爆发相。

（三）侵入岩

1. 大宝山蛇绿岩组合

大宝山蛇绿岩组合主要分布于南西部彭州市大宝镇一把伞地区，主要岩石为辉长岩－辉石岩－橄榄岩，岩性为暗绿、黑色细粒网格状辉石蛇纹岩（辉石橄榄岩）、灰绿色细粒蚀变角闪辉石岩、暗灰色辉石角闪岩及角闪辉长岩等，蛇纹岩出露较广。主要岩石类型为蚀变辉长岩和角闪辉长岩。

超基性岩已蚀变为蛇纹岩（辉石橄榄岩）、滑石片岩，稀土总量低，轻稀土微富集，与阿尔卑斯型超镁铁岩特征相似。基性岩稀土配分曲线向右平缓倾型，铕呈小谷或小峰，且在辉长岩－闪长岩间曲线极为协调。微量元素配分型式呈强烈的 W 型，Cr、Ni 具很低的丰度，与岛弧岩浆岩类似，为俯冲构造岩浆环境，应属 SSZ 型蛇绿岩组合。

2. 轿顶山闪长岩组合

轿顶山闪长岩组合岩石出露于宝兴北东大川镇至绵竹县轿子顶一带，以轿顶山岩体为代表，由灰色细粒角闪闪长岩和灰色细中粒黑云角闪石英闪长岩组成。闪长岩类 SiO_2 含量一般为 $47.16\% \sim 56.36\%$，TiO_2 为 $0.60\% \sim 1.10\%$，Fe_2O_3 为 $2.45\% \sim 4.51\%$，FeO 为 $2.52\% \sim 6.60\%$；MgO 为 $2.60\% \sim 6.73\%$，Al_2O_3 为 $15.27\% \sim 18.05\%$，K_2O 为 $0.68\% \sim 1.82\%$，Na_2O 为 $1.52\% \sim 4.38\%$，$K_2O/(Na_2O+K_2O)$ 分子比值显示为钠质。闪长岩稀土含量较低。δEu 具弱负异常－弱正异常，轻稀土中等富集，配分曲线向右平缓倾型。微量元素中不相容元素、大离子亲石元素 Rb、Sr、Ta、Zr 等均低于维氏平均值，高场强元素 Hf 明显富集，U 略有富集，其他 Th、Nb、Zr 均具明显亏损。相容元素 Y 略具亏损，Sc 富集，过渡元素在辉长岩中明显富集，Cr 丰度极不均匀，一般较低，Mo 一般较低，富集 Co。配分型式呈强烈的 W 型，Cr、Ni 具很低的丰度，具岛弧岩浆岩特征。

3. 轿子顶奥长花岗岩－云英闪长岩－花岗闪长岩组合

轿子顶奥长花岗岩－云英闪长岩－花岗闪长岩组合包括雪隆包等岩体，由浅灰色细－中粒黑云角闪英云闪长岩、浅灰色细粒黑云奥长花岗岩、浅灰色细粒黑云奥长花岗岩、浅灰色中粒黑云花岗闪长岩组成。岩体呈大型岩株、岩基，侵入于早期辉长岩－暗色闪长岩系及变质表壳岩康定群中，围岩接触带蚀变不强，而岩体可见几米的细粒化带（冷凝边），但在部分地段发育边缘混合岩化带，形成宽 $1 \sim 50$ cm 的条带状混合岩带；在与康定群接触带中，接触界面一般为锯齿状，普遍见花岗岩枝穿入围岩；普遍被后期二长花岗岩、正长花岗岩枝穿插于其中。基本岩石类型主要为英云闪长岩、奥长花岗岩，个别有花岗闪长岩。英云闪长岩－奥长花岗岩－花岗闪长岩岩石组合属钙碱性亚碱型。

轻稀土富集程度相对较高，重稀土则低度富集，配分曲线向右平缓倾型，但铕谷不明显。英云闪长岩、奥长花岗岩、花岗闪长岩微量元素特征具很强的一致性，显示了该组合同源岩浆演化系列特点。

4. 汶川碱长花岗岩－二长花岗岩组合

汶川碱长花岗岩－二长花岗岩组合分布于汶川县南新镇、绵竹县汉旺镇北西头道金河以及青川轿子顶等地，其岩性为浅灰色细中粒黑云花岗闪长岩－二长花岗岩－浅灰色细－粗粒黑云正长花岗岩－灰白色细中粒黑云碱长花岗岩。1∶5万映秀幅区域地质调查在该类岩石中获(833±36)Ma、(813±34)Ma、(783±46)Ma 锆石铀铅同位素年龄值，时代属青白口纪—南华纪。花岗闪长岩－二长花岗岩－正长花岗岩属钙碱性系列，花岗闪长岩、二长花岗岩、正长花岗岩的稀土特征及分配形式十分类似，微量元素特征也具较强的一致性，表明同源岩浆演化系列特征。

5. 紫石正长花岗岩－花岗闪长岩组合

紫石正长花岗岩－花岗闪长岩组合分布于天全紫石、昂州河、白沙河地区，宝兴大鱼溪、芦山大川、大邑西岭(双河)雪山等地。岩体呈大型岩株、岩基产出，K-Ar 同位素年龄值为 654Ma(1∶25 万宝兴幅，2002)。侵入早期康定群、黄水河群及南华纪苏雄组、盐井群中，接触带界面多呈不规规则状、锯齿状。岩体具宽几米至几十米的冷凝边，出现中心粗粒，边缘过渡为细－微的粒岩相分带现象，有时见围岩的棱角状捕房体，可见明显的宽窄不一的接触变质带。该岩石构造组合属钙碱性系列；微量元素特征具较强的一致性，显示同源岩浆演化系列特点。由花岗岩闪长岩→二长花岗岩→正长花岗岩，K_2O 增高，Na_2O、CaO、TFeO 显著降低；稀土配分曲线呈右倾，具明显"V"型谷。

6. 邓池沟辉长岩－辉石岩－橄榄岩组合

邓池沟辉长岩－辉石岩－橄榄岩组合主要分布于天全白沙河、昂洲河，宝兴大鱼溪、小鱼溪等地，规模小，以天全灵关镇、昂州河基性－超基性小岩体及绵竹清平观音梁子大规模出露的辉绿岩等为代表。芦山大川、邛崃火石溪一带分异良好，岩体呈似层状，为由伟晶辉长岩－细粒辉长岩、辉石岩－辉长岩或橄榄岩、橄辉岩－辉长岩组成的堆晶杂岩，这些堆晶分异形成的超镁铁质岩，有时呈岩脉(墙)侵位于康定群、黄水河群变质火山岩中，并常具明显的铜镍矿化、铬铁矿化。该组合岩石为暗绿色细粒强烈蛇纹石化、滑石化、辉石橄榄岩，淡绿、灰绿色蛇纹石化、绿泥石化角闪辉石岩，绿灰、灰绿色细粒角闪辉长岩，灰绿色暗绿色微细粒辉绿岩，以辉长岩为主。该岩石组合主体为钙铁镁质，属钙碱性岩系。轻稀土中等富集，配分型式曲线为向右平缓型，随着岩石基性程度降低，铕由正异常向负异常演化。微量元素总体丰度均较低。

7. 后造山岩脉群

后造山岩脉群岩脉群岩石种类较多，广泛分布于杂岩体内部及前震旦纪地层中，计有辉绿(斑)岩、细晶闪长岩、闪长斑岩、花岗细晶岩、伟晶岩、花岗(闪长)斑岩、超基性岩、石英脉等。其中以中基性岩脉极为发育，其形态各异，大小不等，呈脉状贯入节理、裂隙之中。

(四)变质岩

1. 混合岩－片麻岩组合

混合岩－片麻岩组合分布在丹巴地区穹窿构造核部，由均质混合岩、混合花岗岩组成，其周围由片麻状混合岩、花岗片麻岩、片麻岩、条带状片麻岩夹大理岩等呈紧闭"褶皱"形式绕其分布。穹窿构造核部可能为变质深成侵入岩，周围为变质表壳岩。

2. 斜长角闪(片)岩－大理岩组合

斜长角闪(片)岩－大理岩组合围绕穹窿构造斜长角闪片岩、斜长角闪岩、绿帘斜长角闪岩、石榴斜长角闪片岩、黑云斜长角闪片岩等多呈似层状－条带状产出，且夹大理岩。斜长角闪岩类的原岩为基性火山岩、含钙镁泥质沉积岩，部分由基性脉岩变质形成。

3. 片岩－石英岩－大理岩组合

片岩－石英岩－大理岩组合主要见于通化组和危关组中，下部(片岩段)岩性为灰绿色二云绿泥片岩、黑云绿泥片岩、浅灰色石榴石二云片岩夹黑云石英片岩及少量片含铁白云变斑晶黑云绿泥片岩，局部夹块状石英岩；上部(大理岩段)岩性为白色、灰白色厚层－块状大理岩、条带状中－粗晶大理岩，夹浅黄色中－厚层状石英岩及浅黄色变质绢云千枚岩。

4. 变质砂岩－板岩－千枚岩组合

变质砂岩－板岩－千枚岩组合出现在龙门山后山变质区中深变质岩系的三叠系盖层中，主要由浅变质岩系由砂质板岩、泥质板岩、变质粉砂岩、细砂岩、石英砂岩等互层组成，其下部变质略深，由黑云母千枚岩、结晶灰岩、变质凝灰岩等组成。

二、康滇基底断隆带

康滇基底断隆带东部大约以安宁河断裂带东侧为界，西大约以金河断裂—雅砻江断裂为界，以出露中新元古代基底变质岩系为特征，沿安宁河断裂两侧呈南北向展布，分布面积较大。习称的康定群，为一套混合岩化中深变质岩系，主要由混合片麻岩、麻粒岩以及少量斜长角闪岩和石英云母片岩组成，集中且断续分布于中部地带。

（一）地层

康滇基底断隆带中部出以盐边群、会理群、河口群、登相营群以及与其相当地层为一套浅变质岩系，时代为中元古代晚期－新元古代早期。盐边群主要出露在区内西南部，底部为砂泥质碎屑岩建造，中部由巨厚海相拉斑玄武岩组成，上部为具浊流沉积特征的砂泥质复理石建造。盐边群形成的构造环境为弧前盆地。会理群下部为陆源碎屑岩建造夹少量中基性火山岩，中部碳酸盐岩建造，上部为变质中酸性火山岩建造。河口群由一套变钠质火山岩、片岩、变质砂岩和大理岩组成，原岩主要是陆源碎屑－泥质建造和细碧角斑岩建造。

安宁河断裂带东侧还集中分布南华纪苏雄组和开建桥组。苏雄组为陆相火山岩建造，主要由中酸性火山岩及少量玄武岩和火山碎屑组成。开建桥组为一套再沉积的火山碎屑岩，主要由中酸性凝灰岩和凝灰质碎屑岩组成，属以河流相为主的红色磨拉石建造，为裂谷盆地沉积产物。

晚古生代时期，除早二叠世浅海碳酸盐岩分布较多外，基本缺失泥盆系和石炭系地层，表明进入裂前隆起期。

（二）火山岩

中元古代早期形成河口群的细碧角斑岩组合，反映一种初始岛弧构造环境。中晚元古代处于典型的岛弧构造环境，形成会理群、盐边群、登相营群等一套岛弧火山岩构造岩石组合。会理群力马河组中产铌钽伴生重稀土矿。

南华纪，扬子陆块从罗迪尼亚超大陆裂离，开始新一旋回的大陆分合历史。发生以澄江组、苏雄组—开建桥组为标志的后造山裂谷作用，形成苏雄组、开建桥组的陆相钾质钙碱性系列火山岩，属裂谷玄武岩－英安岩－粗面岩－流纹岩组合。

二叠纪末—三叠纪是构造岩浆活动最活跃的时期，发育广泛的晚二叠纪大陆裂谷玄武岩喷溢。

（三）侵入岩

康滇基底断隆带主要矿产多与大面积分布的侵入岩有关。比如加里东晚期—华力西期的基性超基性岩攀枝花钒钛磁铁矿有关，喜马拉雅期侵入的牦牛坪碱性－碳酸岩与牦牛坪稀土矿有关，稀土含量较高的其他各个时期侵入岩与离子吸附型稀土矿有关等。

1. 菜子园—高家村蛇绿岩组合

菜子园—高家村蛇绿岩组合零星分布于会理关河菜子园、黎溪及石棉等地，另在盐边高家村、德昌等地一带还见为数众多的超基性－基性岩小岩体。SHRIMP 同位素年龄值辉长岩为(822±11)Ma、二辉、方辉橄榄岩为(810±11)Ma，时代应为前南华纪。其中菜子园一带岩石蛇纹石化极强，未见矿；石棉超基性岩体因产石棉而闻名；盐边高家村、会理、德昌等地超基性基性岩小岩体则含铜、镍及铂、钯，其主要岩性为灰绿色蛇纹岩（二辉、方辉橄榄岩）、墨绿色角闪（橄榄）单辉岩、二辉岩－橄榄二辉岩、灰绿色绿泥透闪岩（角闪岩）、深灰色变细－中粒辉长岩、深灰色细粒辉绿岩。

菜子园－高家村蛇绿岩组合中的基性超基性岩多已变质为蛇纹岩、绿泥绿帘透闪岩等，岩石呈深灰色、墨绿色、灰黑色，具变中细粒、变余中细粒－中粒半自形粒状结构、鳞片状、纤维状变晶结构，块状构造。岩石普遍具强烈绿泥石化、绿帘石化、纤闪石化。副矿物组合类型为磷灰石－锆石型。辉石橄榄岩富 Fe、K，贫 Si、Ti、Ca，碱度较低，组合指数 δ0.09，镁铁比值为 2.98，属钙碱性系列铁质超基性岩；角闪辉石岩 Th、Sc 等富集，K、Ba、及 Cr、Ni 亏损，微量元素图解呈右倾型；稀土总量低，轻稀土富集，轻重稀土分馏较明显，铕极弱正异常。

2. 沙坝－同德石英闪长岩－闪长岩－辉(苏)长岩组合

沙坝－同德石英闪长岩－闪长岩－辉(苏)长岩组合呈近南北向断续带状广泛分布于泸定、石棉擦罗、冕宁沙坝、攀枝花同德等地。岩石普遍受程度不同变形变质作用，片麻理较为常见，常被定名为片麻岩，如二辉斜长片麻岩、角闪斜长片麻岩等，原岩主要为辉(苏)长岩－闪长岩－石英闪长岩等。岩体中见斜长角闪岩和二辉麻粒岩包体。辉长苏长岩(二辉斜长片麻岩)属铁质钙碱性基性岩；微量元素图解呈右倾大隆起型，具 Nb、P 弱负异常；稀土较高，轻稀土(弱)富集，轻重稀土分馏较明显，铕异常不明显。角闪闪长岩(角闪斜长片麻岩及黑云角闪斜长片麻岩)岩浆分异程度中等；微量元素图解呈右倾上隆型，无明显分异；稀土总量较高，分配型式为轻稀土弱富集型，轻重稀土分馏较明显，铕具微弱负异常。这套组合和下述的磨盘山 TTG 组合，指示构造环境为岛弧或活动大陆边缘。

3. 磨盘山奥长花岗岩－云英闪长岩－花岗闪长岩组合

磨盘山奥长花岗岩－云英闪长岩－花岗闪长岩组合广泛分布于康定—攀枝花南北向条带上，其主要岩性为英云闪长岩－奥长花岗岩－花岗闪长岩。岩体多呈岩枝、岩株、岩基产出，侵入于康定群斜长角闪岩及早期辉长岩、闪长岩中。该组合中造岩矿物主要为角闪石、黑云母、更长石、石英。岩石以富 Na，贫 K，碱质低为主要特征，属钠质钙碱性系列花岗岩；微量元素 Ba、U、Th、Zr、Hf 富集，Rb、Cr、Ni、Co 明显亏损，属不相容元素富集型，稀土总量偏低，为 $120 \times 10^{-6} \sim 234 \times 10^{-6}$，配分型式右倾，Eu 异常不明显，均为轻稀土富集型。副矿物组合为磁铁矿－锆石型。以成份演化最为特征，从早至晚，岩石类型由石英闪长岩→英云闪长岩→斜长花岗岩→花岗闪长岩；镁铁质矿物递减，长英质矿物递增，斜长石牌号降低，K/Rb、(La/Yb)$_N$、$\sum$Ce/$\sum$Y、DI 递增，SI、Zr/Hf 递减。

4. 摩挲营正长花岗岩－二长花岗岩组合

摩挲营正长花岗岩－二长花岗岩组合分布于磨盘山组合及其以东，岩体呈岩枝、岩基侵入于康定群及会理群等浅变质岩系中，接触变质较为明显。以会理摩挲营、德昌锦川岩体等为代表，为花岗闪长岩－二长花岗岩－正长花岗岩，以二长花岗岩为主。岩体边缘见有细粒斑状二长花岗岩或俘房体，该组合主要矿物成分为黑云母、白云母、斜长石、钾长石（微纹长石）、石英。总体富 Si、K，过 Al，贫 Ca、Mg，DI、AR 高，显示钙碱性钾质系列花岗岩特征。相容元素中大离子亲石元素相对富集，过渡族元素亏损，强不相容元素富集；稀土总量总体高，轻稀土富集，铕负异常明显。从早至晚，岩石化学参数中 SI、DI 依次降低，Al、Na、K、AR 依次增高，稀土总量渐低。

5. 黄草山二长花岗岩－正长花岗岩组合

黄草山二长花岗岩－正长花岗岩组合广泛分布于冕宁泸沽、小相岭和汉源黄草山等地，呈近南北向断续带状延伸，主体产于磨盘山 TTG 岩套以东，侵入登相营群等浅变质岩系中，苏雄组不整合其上。在泸沽岩体边缘产铁、锡矿。主要岩石构造组合为二长花岗岩－正长花岗岩，岩体中含浑圆状、棱角状千枚岩捕房体及闪长质深源包体，岩体边缘常出现细粒斑状二长花岗岩或俘房体。锆石 U－Pb 同位素年龄值（669±58）Ma，K－Ar 年龄值为 687Ma，时代为南华纪。本组合岩石均富 Si、K，过铝，贫 Ca、Mg，属钾质钙碱性 S 型花岗岩，为硅过饱和、碱质、过铝质岩石，SI 低，DI 很高；微量元素中不相容元素富集，相容元素亏损，孙氏图解均呈右倾型；轻稀土富集，铕均显负异常，配分型式呈右倾型。构造环境判别属同碰撞花岗岩。从早至晚，岩石中斑晶含量递增，粒度由小至大，晶形由窄板状变为宽板状；基质由细中→粗中→中粗粒结构；斜长石略为减少，钾长石略为增高。岩石中 SiO$_2$、K$_2$O 略增，Al$_2$O$_3$、Na$_2$O 略减；Sr、Ba、Zr、$\sum$REE 递增，Rb、Cs、Al、Na 递减；稀土分配曲线连续上叠，显示岩浆向富硅、富钾方向演化。副矿物磷灰石减少，锆石增多，锆石晶形式由简单变复杂，柱面发育程度变高。岩体边界呈齿状、不规则状，内接触带定向构造不发育，多含棱角状围岩捕房体等，具被动侵位特征。

6. 力马河—拱山箐二辉橄榄岩－橄辉岩组合

力马河—拱山箐二辉橄榄岩－橄辉岩组合岩石构造组合以力马河式岩体群为代表。

力马河式岩体群层状构造不发育，岩体小，岩类多，以具铜镍铂钯矿化为特点。该组合由橄榄岩－辉石岩－辉长岩－闪长岩组成，蚀变强烈，具低钙、铝、碱质的特点，m/f 较低，属镁铁质（超）基性岩。微量元素分配呈弱"W"形，稀土含量较高，轻稀土弱富集，铕弱正异常或负异常。从早至晚，铁钛矿物由较高→高→低，挥发分矿物由少→高→较高；副矿物组合中磁铁矿递增，钛铁矿递减，锆石渐减少，磷灰石总的大量增高；SiO_2、Na_2O、K_2O 递增，MgO、CaO 递减，DI、AR、A/CNK 递增，SI、m/f 递减，不相容元素含量增高，相容元素含量降低；ΣREE 递增，铕由弱正异常变为弱负异常。

7. 红格-白马层状辉长岩组合

红格-白马层状辉长岩组合习称"攀枝花层状辉长岩"，以红格、白马、攀枝花、太和岩体为代表，是攀西裂谷碱性岩、峨眉山玄武岩、层状基性-超基性岩"三位一体"组成之一，因含层状钒钛磁铁矿而闻名。岩体多为层状、似层状岩盆，成岩时代约 260Ma。"层状构造"（叶理）是此岩石组合显著特征，岩体常由 2~3 个旋回，多个韵律组成。

红格层状基性超基性岩体可划分为两个岩相带，由上而下为辉长岩带及超镁铁岩带。辉长岩带下部以暗色辉长岩为主，具韵律性层状构造，上部为块状浅色辉长岩。岩石组分主要由斜长石、含钛普通辉石和橄榄石组成，含少量磷灰石及含钛普通角闪石，矿化不好。超镁铁岩带由单辉岩、橄榄单辉岩及橄榄岩、含长单辉岩组成，矿化较好。矿物组分主要由含钛普通辉石、橄榄石及铁钛氧化物组成，含少量含钛普通角闪石。据橄榄石与钒钛磁铁矿及含钛普通辉石的含量变化显示出的明显的韵律构造，共划分为若干个小型韵律层。在白马田家村还见粗粒-伟晶辉长岩，局部形成独立岩体，矿物成分主要为辉石、斜长石。

层状岩体岩石化学成分与中国及世界辉长岩平均成分比较，贫硅而富铁、钛及碱质，镁质偏低，m/f 一般 0.59~2.2，属铁质—富铁质基性超基性岩系。在硅-碱图上，投影于（弱）碱性玄武岩区。稀土配分型式均为轻稀土富集型，轻稀土部分相对平坦，重稀土部分分馏强烈，铕明显正异常。

8. 新街辉长岩-橄榄岩组合

新街辉长岩-橄榄岩岩石构造组合与红格-白马岩石构造组合相似，常具层状构造，常由多种基性-超基性岩岩石（纯橄岩、辉橄岩、橄榄岩、橄辉岩、辉石岩等）复合而成，分异明显。新街岩体是具有多种矿化的基性-超基性层状杂岩体。成矿元素在分异较好的不同部位富集成矿，岩体上部含钛、中部含铁、下部含铂铬。新街岩体从下到上分为三个堆积旋回。第一旋回包括橄榄岩带（含铂矿）、斜长橄榄岩带、辉长岩带（含钒钛磁铁矿）；第二旋回为橄榄岩-辉长岩带，下部橄榄岩偶夹铂矿），上部辉长岩含贫钛铁矿；第三旋回包括辉石岩带（下部见贫矿）和流状辉长岩带

该组合岩性相差较大，副矿物组合近似（钛）磁铁矿型。从早到晚，岩石副矿物总量及铁钛矿物含量由低→高→较高，多金属及硫化矿物、稀有和挥发分矿物含量总体呈增高趋势。岩石化学中 K_2O、K_2O/Na_2O、δ 递增，DI、AR、A/CNK 弱增，Mg、Ca、

SI、m/f 降低，硅由极不饱和→不饱和，轻重稀土分离增强，∑REE 由低至高，由超基性→基性，分异结晶作用明显。

9. 黄龙碱长花岗岩−正长岩组合

黄龙碱长花岗岩−正长岩组合岩体分布于攀西米易、西昌等地，包括（角闪）辉石正长岩、（含）角闪正长岩、角闪石英正长岩、碱长花岗岩（出露极少）。岩体产出形态为不规则状、带状岩体或具顶盖残留体，侵入于二叠纪基性岩、玄武岩中，被后期碱性正长岩及花岗岩侵入。SHIRMP 法同位素年龄 238.7～262Ma，侵位时代为三叠纪早中期。

该组合岩石总体属钙碱性系列，岩石总体较富碱、Si，贫 Ca、Mg，少 H_2O，属硅饱和−过饱和，低钙、低镁；微量元素中不相容元素富集或弱富集，相容元素多为亏损或弱亏损，配分型式为"W"形；稀土含量总体较低，轻稀土（弱）富集，铕正异常至无明显异常。成岩构造岩浆环境属陆内裂谷。

10. 挂榜碱性正长岩组合

挂榜碱性正长岩组合岩体分布于攀枝花—红格、米易—挂榜及西昌一带，与层状辉长岩密切共生，侵入于玄武岩及基性−超基性岩中，锆石 U−Pb 年龄值为 229.2Ma；另在德昌大向坪、宁南流沙乡及会理猫猫沟等地还见含副长石的过碱性岩零星出露，侵入于震旦系地层和峨眉山玄武岩中。该组合由过碱性、碱性岩石组成，包括霓霞岩、霞辉岩、霓霞钠辉岩、碳酸岩、霓霞正长岩、暗霞正长岩、流霞正长岩、钠闪霓辉正长岩，另有少量钠闪霓辉石英正长岩及钠闪正长岩及霓辉石正长岩等。

此类组合属硅极不饱和的碱性−过碱性岩石系列，岩石中出现 1.94％～49.16％不等霞石。与国内同类碱性岩比较，碱性超基性岩以贫硅、高铝、低钙、富碱质为特点；碱性中性岩则以多硅、适铝、低钙、富碱质为特点。微量元素分配呈"W"形，Ti、V 及 Rb、Sr、Ba 等部分过渡族与亲石元素较富集，Cr、Ni 亏损强烈。稀土总量较低，轻稀土富集，碱性超基性岩铕微正异常，中性碱性岩铕弱负异常。在地域上显示由南向北，陆壳混染程度由弱到强。

11. 狮子山钠闪花岗岩组合

狮子山钠闪花岗岩组合岩体主要分布于米易、冕宁地区，主要岩石为霓辉石（钠铁闪石）花岗岩、钠闪霓辉石花岗岩、含角闪钠闪花岗岩，其中钠闪花岗岩锆石 U−Pb 年龄值为 220.9Ma，侵位时代为三叠纪早中期。此类组合由碱性花岗岩组成，主要造岩矿物为钠（铁）闪石、霓辉石、斜长石（少）、钾长石、石英；副矿物组合基本为（钛）磁铁矿−磷灰石型。富 Si、过碱，贫 Mg、Ca，DI 值高；微量元素中不相容元素富集，相容元素亏损，孙氏图解呈右倾的"W"形；稀土含量较高，轻稀土富集。以上特征表明该组合为陆内裂谷幔源岩浆侵位冷凝产物。

12. 矮郎河碱长花岗岩-二长花岗岩组合

矮郎河碱长花岗岩-二长花岗岩岩石构造组合分布于会理矮郎河，德昌马鹿等地，呈岩株、岩基产出。北部德昌马路一带为二长花岗岩，局部含白云母；南部会理矮郎河一带为钾长花岗岩，偶含角闪石。K-Ar年龄值为214Ma，其侵入时代为晚三叠世。

二长花岗岩类主要由黑云母、斜长石、钾长石和石英组成，偶含白云母，总体富Si、碱，贫Mg、Fe、Ca，铝弱不饱和至过饱和，DI高；微量元素配分呈强"W"形，亲石元素多较富集，K、Sr、P及过渡族元素亏损；ΣREE较高，轻稀土富集，铕强烈负异常；副矿物基本组合为磷灰石-锆石型，常含萤石。正长花岗岩主要造岩矿物为黑云母、斜长石、钾长石和石英，偶见角闪石。岩石总体富Si、碱（K），贫Fe、Mg、Ca，DI高，过铝；微量元素中亲石元素多富集，配分型式为"W"形；ΣREE较稳定，配分为轻稀土富集型，铕负异常强烈。

13. 冕西碱长花岗岩-二长花岗岩-花岗闪长岩组合

冕西碱长花岗岩-二长花岗岩-花岗闪长岩组合岩体出露于冕宁西部回龙及北部大桥一带。岩体受北东向构造控制，呈岩基产出。主要岩性为黑云二长花岗岩、黑云花岗闪长岩，岩石具绢云母化及绿泥石化、隐晶帘石化。含斜长角闪岩捕房体，在接触带发育宽数米至数十米的侵入角砾岩带。黑云母K-Ar法同位素年龄值为78～134Ma。

黑云花岗闪长岩富Si、Al、Na、K，贫Fe、Mg、Ca，DI高，SI低，AR=3.23，σ=1.88；微量元素中不相容元素富集，K、Sr、P、Cr、Ni亏损，配分为右倾"W"形，K/Rb较高；稀土含量低，稀土配分图呈右倾型，属轻稀土富集，轻重稀土分馏作用不太强，$(La/Yb)_N$为9.14，铕为中等负异常。黑云二长花岗岩以富Si、K，贫Fe、Mg、Ca，DI、AR高，SI低为特征；微量元素中不相容元素富集，相容元素亏损；稀土总量较高，为316×10^{-6}～1903×10^{-6}，轻稀土远远大于重稀土，具极度分馏的稀土元素模式，铕为中等至强烈负异常。从早至晚，岩浆分异作用增强，由中酸性向酸碱性发展，属钙碱性钾质过铝花岗岩。

14. 牦牛坪碱性-碳酸岩组合

牦牛坪碱性-碳酸岩组合岩体出露于冕宁牦牛坪、包子村、木洛、里庄羊房沟及德昌大陆乡等地，此岩石构造组合均呈小岩株、岩枝、岩脉产出，主要岩性组合为碱性岩-碳酸岩。牦牛坪一带为霓石英碱正长岩、重晶霓辉伟晶岩和方解石碳酸岩，大陆乡地区由霓辉正长岩、霓辉萤石重晶石岩和方解石碳酸岩组成。里庄和包子村岩体为霓（辉）英碱正长岩。岩石酸度低、富钙和碱质，为二氧化硅弱过饱和、富钙、高铝、富钾钠的过碱性岩石。稀土元素含量十分高，岩石的轻稀土含量远大于重稀土。据杨光明等人对微量元素的研究，本区碱性岩-碳酸岩组合及稀土矿普遍富Ba、La、Ce、Sr和Nd，亏 Rb、Nb 和 Ti，富含放射性元素 Th；岩体中亲石元素对原始地幔标准化配分型式大体相似，表示强不相容元素分异程度的 $(Rb/Yb)_N$ 值大于 1，属强不相容元素富集配分型式；碱性岩－碳酸岩组合的 Rb/Sr 比值为 0.27，远小于其他碱（酸）性花岗岩，显示低 Rb 高 Sr，反映了地幔岩浆的基本特征。

（四）变质岩

带内变质岩主要以康定群、盐边群、会理群、河口群以及与其相当地层为一套浅变质岩系为主体。

康定群，为一套混合岩化中－深变质岩系，主要由混合片麻岩、麻粒岩以及少量斜长角闪岩和石英云母片岩组成，集中且断续分布于中部地带。近期研究新成果表明，所称的康定群，实际上绝大部分为岩浆杂岩，片麻岩的原岩多属英云闪长岩－奥长花岗岩－花岗闪长岩（TTG）组合，麻粒岩的原岩主要是辉长－苏长岩组合，仅少量角闪岩－绿片岩相变质岩的原岩为火山－沉积岩系。

盐边群、会理群、河口群以及与其相当地层为一套浅变质岩系，盐边群原岩建造，底部为砂泥质碎屑岩建造，中部由巨厚海相拉斑玄武岩组成，上部为具浊流沉积特征的砂泥质复理石建造。会理群原岩建造下部为陆源碎屑岩建造夹少量中基性火山岩，中部碳酸盐岩建造，上部为中酸性火山岩建造。河口群出由一套变钠质火山岩、片岩、变质砂岩和大理岩组成，原岩主要是陆源碎屑－泥质建造和细碧角斑岩建造。

三、金河—箐河前缘逆冲带

金河—箐河前缘逆冲带为盐源－丽江前陆逆冲－推覆带Ⅲ级构造单元东部。盐源－丽江前陆逆冲－推覆带介于锦屏山－小金河断裂（西）与金河—箐河断裂（东）之间，北端止于里庄与北西断裂交汇处，南延入云南境内。盐源－丽江前陆逆冲－推覆带在省内未出露基底岩系，震旦纪－古生代海相沉积盖层较齐全，二叠纪玄武岩厚度巨大，三叠纪地层尤为发育且完整。历经震旦纪－古生代被动大陆边缘、二叠纪陆缘裂谷和三叠纪边缘拗陷等主要演化过程，自晚三叠世后遭受由西向东的挤压作用，形成前陆逆冲带。

金河—箐河前缘逆冲带由一系列叠瓦状逆冲岩片构成，震旦纪－早古生代为滨海－浅海相碳酸盐岩－碎屑岩建造，显示大陆架稳定沉积环境。

侵入岩主要有张家坪子角闪二长花岗岩和牦牛坪碱性－碳酸岩组合。

变质岩主要为区域变质的浅变质岩。

第三章　牦牛坪式岩浆-热液型稀土矿床

牦牛坪式岩浆-热液型稀土矿与陆相侵入的碱性岩-碳酸岩有关，是四川省内目前唯一具工业价值、有查明稀土资源储量的稀土矿类型，分布于冕宁县和德昌县安宁河以西地区。目前共有包括冕宁牦牛坪、冕宁三岔河、德昌大陆乡等在内的矿产地10余处，形成南北长约150 km的稀土成矿带和数个集中分布区。矿床沿构造带成群成带产出，矿体呈带状、似层状、透镜状、脉状，规模较大，延长数百米，极少数可达近2 km，延深可达数百米。矿床埋藏较浅，稀土矿物单一，绝大部分为氟碳铈矿，其次为氟碳钙铈矿，少量硅钛铈矿等，粒度粗大，脉石矿物主要为石英、长石、重晶石、萤石、云母及少量霓石、霓辉石、钠铁闪石等，矿石品位较高，一般2%～5%，矿体局部地段可达20%以上，易采选。伴生组分多且含量较高，有利于综合利用。其中冕宁县牦牛坪、德昌大陆乡大型稀土矿床所在大地构造单元同属康滇基底断隆带，是该类型的典型代表，分列成矿带南北两端，两矿床既有相似之处又各具特色。另有冕宁郑家梁子、冕宁碉楼山等稀土矿床位于金河—箐河前缘逆冲带，郑家梁子稀土矿床为为其中的代表性矿床。

第一节　冕宁县牦牛坪稀土矿床

冕宁县牦牛坪稀土矿为一大型轻稀土矿，伴生Pb、Mo、CaF_2、$BaSO_4$等多种有益组分。地理位置位于冕宁县森荣乡。大地构造位置位于康滇轴部基底断隆带北段西部，西与金河—箐河前缘逆冲带北端相邻。南河—磨盘山深大断裂带北端的次级断裂——哈哈断裂自北东向南西纵贯矿区，为矿床的成矿断裂。

一、成矿地质环境

（一）地层

由于冕西碱长花岗岩的侵吞，使区内地层非常零星，残缺不全，出露的仅有泥盆系中统浅变质碎屑岩和碳酸盐岩及第四系冲洪积、残坡积层。

泥盆系中统下段分布于矿区东部，与区域资料对比，大致相当于中泥盆统下段，呈残留顶盖产出，厚度大于400 m，岩层走向北北东，倾向120°±，倾角中等，根据岩性特征自下而上可分为3层，即：砂质绢云千枚岩夹变质砂岩，白云质大理岩或白云质结晶灰岩，绢云千枚岩夹薄层变质砂岩，三层均为整合接触。

（二）构造

矿区位于南河—磨盘山深大断裂北端西侧（上盘），构造线方向为北北东向，以哈哈断裂带为骨干，牦牛山背斜南延至区内已残缺不全。

1. 褶皱

矿区位于牦牛山背斜南段东翼，由于冕西花岗岩体的侵入，原有大部分地层被吞蚀，仅残留泥盆系中统下段地层，呈倾向南东，倾角中等的单斜构造，分布于矿区东缘。

2. 断裂

1）成矿前断裂、节理

矿区处于冕西花岗岩体中部发育的哈哈断裂带中南段向西凸出的弧形部位，多次侵入的岩浆岩沿其呈北北东向带状展布，碎裂、压碎、粒化现象普遍。该断裂带总体呈北北东向纵贯全区。走向近北东，倾向北西，倾角 70°～80°。主体位于矿区中部，宽 150～240 m。为北北东—北东走向压扭性破裂带展布区。破裂带内以密集的宽窄不等的同向破裂面及构造透镜体劈理带构成。其间有部分其他方向的次级裂隙将该组破裂面劈理带沟通连接。北北东—北东向破裂面劈理面有时也追踪其他方向的破裂面。它们为平行脉带的形成提供了空间。在主体部位东、西两侧，为以北北东和北东向为主体的各方向破裂面均较发育，并与北西—北北西向的破裂面互相交织成网状构造裂隙带展布区。它们为网脉带的形成提供了空间（图 3-1）。

2）成矿后断裂、节理

成矿后断裂、节理主要表现为哈哈断裂的继承性活动，北北东—北东向组矿脉被挤压、破碎、扭曲、挠曲。部分矿脉（岩脉）被错断，产生滑动面和断层泥等，主要有北东、北西、近东西，近南北向四组断层，北东向组。断层规模都小，对矿体及矿脉破坏轻微。

成矿后节理仍具继承成矿前的构造特点，在节理面上无矿化和充填物。按走向可以分为北北东—北东向组、北北西—北西向组、近南北向组及近东西向四组。每组一般由走向相似，倾向相反的一对共轭节理构成。在靠近哈哈断裂带的平行脉带展布区，主要发育北东—北北东向、北西—北北西向两组节理。在网脉状展布区，北东—北北东向组最发育，北西—北北西向组次之。

（三）岩浆岩

矿区内大面积分布的是酸性、碱性岩浆岩，按其特征、产状、成因及其与稀土矿产的成因联系和成岩时代，可分为燕山期流纹岩－碱长花岗岩系列和喜马拉雅期含矿碱性岩－碳酸岩岩体（包括云煌岩、辉绿岩、霓石英碱正长岩、正长霓辉伟晶岩、重晶霓辉伟晶岩、方解石碳酸岩、含霓石碱性花岗斑岩等）。

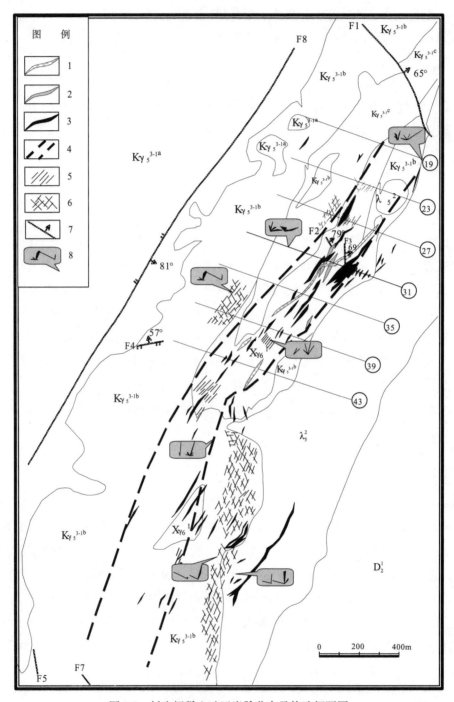

图 3-1　牦牛坪稀土矿区岩脉分布及构造纲要图

1-含霓石碱性花岗斑岩　2-方解石碳酸岩　3-碱性基性伟晶岩　4-构造及脉带分界线
5-平行脉带　6-网脉带　7-断层及编号　8-节理玫瑰花图

1. 燕山期流纹岩－碱长花岗岩系列

燕山期流纹岩－碱长花岗岩系列岩石呈北东向带状展布，流纹岩分布于矿区东部，位于碱长花岗岩基与泥盆系变质岩之间。

碱长花岗岩为冕西碱长花岗岩－二长花岗岩－花岗闪长岩岩基的一部分，矿区内出露的岩石有紫红色碱长花岗岩、浅灰色中细粒碱长花岗岩、文象碱长花岗岩，它们以先后顺序侵入，总体西倾，倾角70°左右。同位素年龄78～134Ma（全岩K-Ar法），前者分布于矿区西缘，次者纵贯矿区，后者穿插于次者中。该系列岩石主要矿物成分为微纹长石、钾长石和石英，次要矿物为黑云母，副矿物有磁铁矿、榍石、磷灰石、锆石、褐帘石及独居石等一般花岗岩常见的矿物组合。流纹岩、碱长花岗岩岩石特征见表3-1，化学成分见表3-2。岩石化学札氏计算和图解法表明属SiO_2过饱和型；用CIPW法计算标准矿物分子，投影QAP图落于碱长花岗岩区（图3-2）。紫红色碱长花岗岩稀土总量为342.79×10^{-6}，其中轻稀土含量大于重稀土。浅灰色碱长花岗岩和文象碱长花岗岩稀土含量较高，分别为323.69×10^{-6}和246.87×10^{-6}，其中轻稀土含量相对较高，$\sum Ce / \sum Y$分别为6.2和3.22，详见表3-3。球粒陨石标准化REE分布曲线为略向左倾斜的"海鸥"形，意味着该系列岩石可能是壳源岩浆分异作用的产物，如图3-3。

据四川省冕宁县牦牛坪稀土矿区勘探地质报告（2010）

表3-1　牦牛坪矿区流纹岩－碱长花岗岩系列岩石特征

岩石名称	产状	结构	构造	矿物粒度/mm	主要矿物（%）				少、微量矿物及次生矿物
					微条纹长石、正长石	钠长石	石英	黑云母	
文象碱长花岗岩	带状	少斑显微文象	块状	0.1～2.5	45～46	2～13	30～43	1～2	黑云母、绿泥石、绢云母、磁铁矿、榍石、独居石、磷灰石
浅灰色中细粒碱长花岗岩	带状	细－中粒碎裂交代	块状	1.2～4.5	40～67	2～15	23～38	1～2	黑云母、锆石、磷灰石、高岭石、绿泥石、绢云母、磁铁矿
紫红色碱长花岗岩	岩基	细－中粒碎裂交代，边缘具文象结构	块状	0.7～3	45～65	3～2	20～30	1～2	黑云母、磁铁矿、榍石、磷灰石、绢云母、高岭石
流纹岩	带状残留顶盖	少斑霏细	块状流纹状		斑晶<1，基质10～25	斑晶2～5，基质45～60	斑晶<1，基质20～25	<1	黑云母

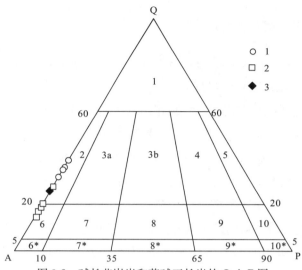

图 3-2 碱长花岗岩和英碱正长岩的 Q-A-P 图

1-碱长花岗岩 2-英碱正长岩 3-碱性花岗岩

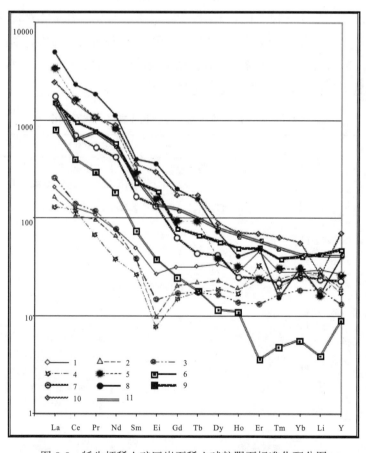

图 3-3 牦牛坪稀土矿区岩石稀土球粒陨石标准化配分图

1-流纹岩 2-紫红色碱长花岗岩 3-浅灰色中细粒碱长花岗岩 4-文象碱长花岗岩
5-霓石英碱正长岩 6-含霓石碱长花岗岩 7-正长霓辉伟晶岩 8-重晶霓辉伟晶岩
9-伟晶状碳酸岩 10-中粗粒碳酸岩 11-东非裂谷碳酸岩

表 3-2　流纹岩、碱长花岗岩、霓石英碱正长岩化学成分表 (%)

岩石名称	流纹岩	紫红色碱长花岗岩				浅灰色碱长花岗岩			文象碱长花岗岩		霓石英碱正长岩			
样品编号	硅6	硅3	硅4	硅5	平均值	硅2	YQ11	平均值	硅1	Wr-1	YQ12	YQ15	YQ$_{TC451}$-1	平均值
SiO_2	74.26	74.84	74.98	75.22	75.01	74.45	73.7	74.075	74.2	66.75	69.7	68.84	60.8	66.52
TiO_2	0.15	0.15	0.18	0.1	0.11	0.16	0.165	0.1625	0.1	0.15	0.24	0.235	0.15	0.19
Al_2O_3	13.39	13.16	12.56	13.16	12.96	13.66	12.24	12.95	13.5	17.01	12.73	12.35	15.75	14.46
Fe_2O_3	0.96	0.89	0.79	0.73	0.8	1.42	1.77	1.595	1.24	2.59	1.61	1.33	1.57	1.78
FeO	1.29	0.64	0.69	0.92	0.75	0.68	0.45	0.565	0.58		0.48	0.42	0.33	0.41
MnO	0.02	0.02	0.01	0.03	0.02	0.02	0.039	0.0295	0.02	0.05	0.058	0.106	6.24	1.61
MgO	0.3	0.12	0.11	0.17	0.13	0.18	0.2	0.19	0.08	0.53	0.35	0	0.64	0.38
CaO	0.11	0.28	0.2	0.13	0.2	0.2	0.28	0.24	0.17	0.43	0.49	2.73	0.5	1.04
BaO							0.24			0.52	0.39	0.28		0.4
PbO										0.13				
K_2O	3.75	5.34	5.04	4.9	5.09	4.68	5.5	5.09	4.72	4.45	4.9	4.46	5.7	4.88
Na_2O	4.78	3.29	3.84	3.39	3.51	3.64	2.42	3.03	3.84	5.26	4.4	4.56	3.94	4.54
SO_3										0.57				
P_2O_5	0.04	0.046	0.04	0.046	0.044	0.064	0.027	0.0455	0.034	0.09	0.108	0.098	0.162	0.11
CO_2	0.14	0.16	0	0.03	0.063	0.14			0.03				0.42	
H_2O^+													1.16	
F	0.07	0.05	0.06	0.04	0.05	0.05	0.06	0.055	0.01	0.12	0	0.09	0.22	0.11
灼碱	0.147	0.074	0.071	0.098	0.081	0.078	1.1	0.589	0.065		0.64	1.8		
合计	99.26	99.06	98.57	98.96	98.82	99.44	98.19	98.82	98.59	98.65	96.1	97.3	97.58	96.99

表 3-3　流纹岩、碱长花岗岩稀土含量($\times 10^{-6}$)、配分(%)及特征值

岩石名称	流纹岩		紫红色碱长花岗岩		浅灰色碱长花岗岩		文象碱长花岗岩	
样号	硅-6		硅-3		硅-2		硅-1	
含量配分	含量	配分	含量	配分	含量	配分	含量	配分
La	63.3	18.47	51.2	18.74	80.2	24.78	41.6	16.85
Ce	116	33.84	98.8	36.17	131	40.47	111	44.96
Pr	12.6	3.68	11.5	4.21	14.1	4.36	7.7	3.12
Nd	45.6	13.3	37.9	13.88	45	13.9	22.3	9.03
Sm	9.83	2.86	7.66	2.8	7.35	2.27	5.26	2.13
Eu	1.94	0.57	0.7	0.26	1.06	0.33	0.56	0.23
Gd	9.8	2.86	6.32	2.31	5.17	1.6	4.61	1.87
Tb	1.61	0.47	1.1	0.4	0.86	0.27	0.87	0.35
Dy	10.4	3.03	7.1	2.6	5.08	1.57	5.79	2.35
Ho	2.03	0.59	1.37	0.5	1.01	0.31	1.23	0.5
Er	9.65	2.82	4.96	1.82	2.77	0.86	6.78	2.87
Tm	0.93	0.27	0.77	0.28	0.54	0.17	0.64	0.26
Yb	5.38	1.57	5.22	1.91	3.48	1.08	4.81	1.95
Lu	0.92	0.27	0.85	0.31	0.57	0.18	0.82	0.33
Y	52.8	15.4	37.7	13.8	25.5	7.88	32.9	13.33
REE	342.79	100	273.15	99.99	323.69	100.03	246.87	100.13
$\sum$Ce	249.27	72.72	207.76	76.06	278.71	86.16	188.42	76.32
$\sum$Y	93.52	27.28	65.39	23.94	44.98	13.93	58.45	23.81
$\sum$Ce/$\sum$Y	2.67		3.18		6.2		3.22	
δEu	0.6		0.3		0.544		0.34	
δCe	0.94		0.94		0.757		1.39	
(Ce/Yb)N	5.6		4.88		7.6		5.79	
(La/Yb)N	7.94		6.6		13.7		5.83	
(La/Sm)N	4.05		4.2		6.8		4.98	
Eu/Sm	0.2		0.09		0.144		0.11	

2. 喜马拉雅期碱性岩-碳酸岩系列

碱性岩-碳酸岩岩石组合有云煌岩、辉绿岩、霓石英碱正长岩、正长霓辉伟晶岩、重晶霓辉伟晶岩、方解石碳酸岩、含霓石碱性花岗斑岩等。霓石英碱正长岩化学成分见表 3-2,云煌岩、变辉绿岩、碱性基性伟晶岩、碳酸岩岩石特征见表 3-4,化学成分见表 3-5。碱性岩-碳酸岩系列以霓石英碱正长岩为主体,呈岩株状产状,总体产状 $310°\angle 70°\pm$。其余岩石为脉状,产状受充填裂隙制约。

1) 霓石英碱正长岩

霓石英碱正长岩主要矿物成分为钾长石、钠长石及石英,次要矿物有霓石、金云母、黑云母、白云母、重晶石、方解石、萤石等,副矿物有黄铁矿、方铅矿、磁铁矿、磷灰石、楣石、钍石、锆石、金红石以及稀土矿物、铀钍石等,稀土矿物以氟碳铈矿为主。

岩石化学分析结果 CIPW 法计算标准矿物成分,投影在 QAP 图上,落于英碱正长岩区(图 3-2)。英碱正长岩的稀土元素含量较高,其平均含量 3363.5×10^{-6},岩石的轻稀土含量远大于重稀土,$\sum$Ce/$\sum$Y 平均 29.55。在岩石 REE 球粒陨石标准化曲线图上呈现较陡的右倾曲线(图 3-3),说明岩石的形成源地较深。

据中国地质科学院地质研究所同位实验室测定，霓石英碱正长岩中方解石、重晶石和萤石的 $^{87}Sr/^{86}Sr$ 值十分稳定，为 0.70615～0.70663，平均 0.70633。由于这三种矿物中几乎不含 Rb，自矿物形成后基本没有放射成因的 Sr 的积累，所测得的 $^{87}Sr/^{86}Sr$ 值近似初始值，0.70633 的初始值反映 Sr 来自于地幔或壳幔混熔物质。霓石英碱正长岩中方解石和重晶石的 $^{143}Nd/^{144}Nd$ 为 0.512363～0.512413，平均 0.512388，εNd(t)−5.0～−4.1，在 $^{87}Sr/^{86}Sr$ − $^{143}Nd/^{144}Nd$ 图解上，霓石英碱正长岩矿物的点主要落在 EMI（富集地幔型）附近，意味着成岩成矿物质除少数受壳污染外主要来自地幔。

2) 碱性基性伟晶岩

碱性基性伟晶岩以重晶霓辉伟晶岩脉为主，少量正长霓辉伟晶岩及细-粗晶的重晶霓辉石脉，充填于哈哈断裂的各组次级构造裂隙中，在霓石英碱正长岩株内外均有分布。岩脉形态及规模受所充填的构造裂隙性质及其规模制约。哈哈断裂带主体部位，平行脉带发育，其中较厚大岩脉沿走向和倾向常过度为平行细脉带，厚度方向也常以其他方向的细脉与平行脉沟通。在该断裂带主体部位两侧，以北北东—北东向细脉为骨干的网脉带发育，较厚大岩脉多沿走向和倾向过度为细网脉带并逐渐消失。

3) 方解石碳酸岩

方解石碳酸岩此岩脉有两种产出状态，一是呈半隐伏脉状，主要沿杂岩体中心部位侵入，该岩脉明显切割了碱性基性伟晶岩脉。二是少量呈结晶分异团块，赋存于厚大的重晶霓辉伟晶岩的中部，二者具过渡关系。反映了它是由重晶霓辉伟晶岩结晶分异演化而来。

方解石碳酸岩脉可分为白色伟晶状和肉红色中—粗粒两种，前者量少，矿物成分简单，菱面体节理发育，容易风化，风化后为浅灰色。肉红色者矿物成分复杂，抗风化较强，穿插、包裹、俘虏白色者的现象都可见到。

方解石碳酸岩脉，矿化一般中等至较弱，多形成贫矿石或只具矿化，但在矿物成分较复杂的情况下也有富集地段。

4) 含霓石碱性花岗斑岩脉

含霓石碱性花岗斑岩脉切穿重晶霓辉伟晶岩和方解石碳酸岩脉，普遍具弱黄铁矿化，也有少量钼、铅硫化物细脉贯入其微细裂隙中。

碱性岩-碳酸岩系列中各种岩石稀土含量均较高，达到 $815.76×10^{-6}$～$4826×10^{-6}$，$\sum Ce/\sum Y$ 为 11.3～29.55，轻稀土配分 89.03%～94.74%，(Ce/Yb)N=24～74，(La/Yb)N=36～123.33，(La/Sm)N=6.26～12.04，反映了轻稀土强烈富集和极度分馏，详见表 3-6。球粒陨石标准化稀土元素型式曲线向右陡倾的特征与碱性强，挥发份高的地质环境相一致，具有明显的幔源特征。实际上，碱性基性伟晶岩、方解石碳酸岩脉大都是区内的含矿岩脉，是牦牛坪矿床稀土元素的主要富集体。

表 3-4　碱性岩—碳酸岩系列主要岩石特征一览表

岩石名称	产状	结构	构造	矿物粒度 (mm)	造岩矿物（体积%）										少-微量矿物及次生矿物	主要稀土矿物	同位素年龄 (Ma)
					微条纹长石正长石	微斜长石、微斜条纹长石	钠长石	石英	霓石	黑云母	霓辉石	方解石	重晶石	萤石			
含霓石碱性花岗斑岩	脉状	斑状	块状,稀疏浸染状					斑晶 3, 基质 30	斑晶<1						斜长石、霓石、黄铁矿		
肉红色方解石碳酸岩	半隐伏状、墙状、脉状	他形、自形、粒状、交代	斑杂状、浸染状、块状、细脉状	0.1~15		7		2	3		1~20	50~90	14	15	石英、正长石、黑云母、白云母、磷灰石、方铅矿、辉钼矿	氟碳铈矿、硅钛铈矿、磷钇矿、稀土磷灰石、铅贝塔石、贝塔石	31.7±0.7（霓钠铁闪石 K-Ar 稀释法）
灰白色方解石碳酸岩	脉状	伟晶	块状									>95			长石、方铅矿、黄铁矿	氟碳铈矿	
重晶霓辉伟晶岩	脉状、网脉状	伟晶	斑杂状、块状、条带状								50~80	0~15	13~30	5~10	磁铁矿、纤铁矿、榍石、锆石、磷灰石	氟碳铈矿、硅钛铈矿、方铈矿、褐铈矿、贝塔石、铅贝塔石	40.3±0.7（黑云母 K-Ar 稀释法）
正长霓辉伟晶岩	脉状、网脉状	伟晶	斑杂状、块状			30~50					37~60				钠铁闪石、黑云母、白云母、磷灰石、榍石、方解石	氟碳铈矿、硅钛铈矿、磷灰石、褐铈矿	
霓石英碱正长岩	岩株	自形、半自形、花岗交代残余	块状	0.8~2.5		35~65	10~20	20~28	2~7	1~2					黑云母、霓石、钠长石、萤石、重晶石、方解石	氟碳钙铈矿、氟碳铈矿、稀土褐帘石、钍石、钍贝塔石、铅贝塔石	12.2~22.4（锆石 U-Pb 法同位素）
辉绿岩	脉状	变余辉绿	块状	0.01~0.85			40			58					绿帘石、磷灰石		
云煌岩	脉状	斑状交代残余	块状	0.02~0.1		25				72					斜长石、白云母、锆石、磷灰石、萤石		

表 3-5　云煌岩、变辉绿岩、碱性基性伟晶岩、碳酸岩化学成分表（%）

岩石名称	云煌岩			辉绿岩			霓辉正长伟晶岩	碱性基性伟晶岩 重晶霓辉伟晶岩				乳白色方解石碳酸岩	方解石碳酸岩 肉红色方解石碳酸岩			
样号	YQ16	YQ19	平均值	YQ17	YQ16	平均值	YQ10	YQ13	HZK311−127	HZK311−130	平均值	YQ14	YQ8	YQ9	HZK311−88	平均值
SiO_2	41.4	41.85	41.63	41.38	41.31	41.35	31.35	19.54	42.9	50.36	37.6	5.7	8.3	7.08	23.7	13.03
TiO_2	2.25	3.3	2.78	1.8	1.75	1.78	0.14	0.11	0.17	0.23	0.17	0.015	0.1	0.015	0.12	0.078
Al_2O_3	14.49	14.24	14.37	15.4	14.91	15.16	5.95	0.55	1.2	7.53	3.09	0.38	0.66	1.38	2.02	1.35
Fe_2O_3	1.66	9.83	5.75	4.63	4.61	4.62	14.77	6.41	10.74	6.17	7.77	0.14	1.8	0.28	2.08	1.39
FeO	8.93	7.05	7.99	9.99	12.77	11.38	0	1.96	4.18	1.92	2.69	0.32	0.74	0.35	0.69	0.59
MnO	0.405	0.482	0.444	0.315	0.295	0.305	1.203	0.578	1.2	0.31	0.696	0.615	6.59	0.751	0.55	2.63
MgO	8.05	5.95	7	9.7	6.6	8.15	1.06	2.22	4	2.05	2.76	0	1.05	0.1	1.1	0.75
CaO	0.07	0.19	0.13	0.13	0	0.07	2.1	14.23	15.38	9.97	13.19	50.47	45.87	48.93	31.39	42.06
K_2O	8.08	4	6.04	7.44	10.4	8.92	3.54	0.5	0.28	1.15	0.64	0.22	0.24	1.04	1	0.76
Na_2O	0.76	2.8	1.78	1.7	0.24	0.97	1.36	1.88	4.4	6.52	4.27	0.24	1.69	0.44	1.45	1.19
BaO	1.42	1.14	1.28	0.99	1.54	1.27	22.03	18.83				0.04		0.08		
SrO	0.03	0.01	0.02	0.01	0.02	0.015	0.15	13.95				1.09		0.9		
P_2O_5	0.183	0.481	0.332	0.412	0.137	0.275	0.062	0.71	0.323	0.18	0.404	0.073	0.26	0.098	0.07	0.14
S	0.185	0.041	0.11	0.018	0.044	0.031	4.43	8.46	$SO_3=12.11$	$SO_3=7.99$		0.15		0.004	$SO_3=10.01$	0.07
CO_2									1.21	1.15	1.18		30.68		21.85	26.27
H_2O^+									0.12	0.36	0.24				0.14	0.14
H_2O^-	0.75	0.94	0.85	0.51	0.36	0.44	0.47	0.26				0.41	0.86	0.09		0.48
F	1.56	1.3	1.43	1.78	1.06	1.42	0	0.66	0.544	0.694	0.633	0	3.66	0.79	0.664	1.705
$-O=F_2$									−0.229	−0.292	−0.251				−0.28	−0.28
REO	0.33	0.07	0.2	0.11	0.11	0.11			0.343	1.04	0.692		1.18		0.76	0.97
均减	2.8	4.34	3.57	2.3	0.85	1.58	6.14							37.1		

表 3-6　牦牛坪稀土矿区碱性岩－碳酸岩系列主要岩石稀土配分表

岩石名称	霓石英碱正长岩		含霓石碱性花岗斑岩		碱性基性伟晶岩				方解石碳酸岩			
					正长霓辉伟晶岩		重晶霓辉伟晶岩		乳白色伟晶状碳酸岩		肉红色中粗粒碳酸岩	
样号	Wr-1		$H_{ZK311}-58\sim62$ 平均		YQ10		YQ-13		YQ-14		YQ-9	
元素及参数	含量	配分	含量	配分	含量	配分	含量	配分	含量	配分	含量	配分
La	1062	31.55	251.6	30.84	553	33.58	1520	31.5	466	22.9	779	24.42
Ce	1513	45.01	372.4	45.65	648	39.34	2150	44.55	905	44.47	1410	44.2
Pr	126	3.75	35.28	4.32	63.2	3.84	216	4.48	91.9	4.52	125	3.92
Nd	485	14.43	107.02	13.12	250	15.18	649	13.45	350	17.2	526	16.49
Sm	56.1	1.67	14.5	1.78	32.6	1.98	78.9	1.63	46.5	2.29	69.3	2.17
Eu	11.3	0.34	2.8	0.34	9.59	0.58	26.3	0.54	13.7	0.67	21.3	0.67
Gd	28.6	0.86	7.57	0.93	19.2	1.17	60.3	1.25	24.1	1.18	52.9	1.66
Tb	4.6	0.14	−0.92	0.11	2.16	0.13	7.75	0.16	3.29	0.16	8.46	0.27
Dy	11.9	0.35	3.53	0.43	12.6	0.77	21.5	0.45	17.6	0.86	27.1	0.85
Ho	2.3	0.07	0.8	0.1	1.8	0.11	2.94	0.06	3.62	0.16	5.05	0.16
Er	4.9	0.15	0.74	0.09	5.07	0.31	10.1	0.21	10.2	0.5	14.5	0.45
Tm	1	0.03	−0.15	0.02	0.72	0.04	<1	<0.02	1.25	0.06	2.1	0.07
Yb	5.8	0.11	1.05	0.13	4.85	0.29	5.84	0.12	7.59	0.37	10.7	0.34
Lu	0.5	0.01	0.12	0.01	0.73	0.04	<1	<0.02	1.31	0.06	0.81	0.03
Y	50.3	1.5	17.28	2.12	43.8	2.66	76.4	1.58	92.9	4.57	138	4.33
REE	3363.5	99.97	815.76	99.99	1647	100.02	4826	100.02	2035	99.99	3190	100.03
ΣCe	3253.4	96.75	733.6	94.83	1556.39	94.5	4640.2	96.15	1873.1	92.04	2930.6	91.87
ΣY	110.1	3.22	42.16	5.16	90.61	5.52	185.8	3.85	161.9	7.95	259.4	8.16
ΣCe/ΣY	29.55		18.35		17.18		25		11.6		11.3	
δEu	0.51		0.736		1.168		1.223		1.21		1.128	
δCe	0.84		0.837		0.611		0.698		0.867		0.863	
(Ce/Yb)N	67.37				27		74		24		27	
(La/Yb)N	123.23				68		155		36		43	
(La/Sm)N	11.91		10.9		10.6		12.04		6.26		7.03	
Eu/Sm	0.2				0.294		0.333		0.295		0.307	

二、围岩蚀变及表生变化

（一）热液蚀变

矿区热液蚀变作用较强烈，使英碱正长岩、碱长花岗岩和流纹岩等围岩发生较强的围岩蚀变，并且该变质作用大多直接与成矿有关，主要有钠长石化、霓石、霓辉石化、重晶石化、碳酸岩化、萤石化和金属硫化物化等。

1. 岩浆晚期或岩浆期后的 K、Na 交代作用

K、Na 交代作用包括黑云母化、霓石－霓辉石化、钠铁闪石化和钠长石化，主要发育于英碱正长岩和相邻的碱长花岗岩中，呈浸染状分布。蚀变带宽 200～300 m，呈北东向带状展布。它是由霓石英碱正长岩岩浆晚期富含钠质溶液所引起的自变质作用，并影响到外接触带的碱长花岗岩。钠长石呈糖粒状沿微斜条纹长石和微纹长石颗粒边沿交代，发育呈交代净边结构，或沿微斜长石微裂纹、解理面交代呈条纹，形成交代条纹结构。蚀变加强，新生钠长石条纹相互贯通呈斑块状，云朵状，破布状集合体，并出现聚片双晶。进一步发展，形成交代阴影，交代残留结构，岩石逐渐变成钠长石，氟碳铈矿等稀土矿物亦频频出现。

镁钠铁闪石化主要表现为镁钠铁闪石化交代霓石－霓辉石和氟碳铈矿。强烈时可见霓石－霓辉石被镁钠铁闪石取代。它对稀土矿化起破坏作用，仅发育在霓辉伟晶岩和方解石碳酸岩脉中。

2. 岩浆期后中低温热液交代作用

岩浆期后中低温热液交代作用是与稀土矿化相伴生的交代蚀变作用，矿脉中的稀土矿物及脉石矿物在围岩中均有产出，蚀变强度与矿脉分布密度成正比，与矿脉距离成反比。主要有下述 6 种蚀变。

1）重晶石化

重晶石在矿脉中是分布最广含量最多的矿物，有早晚两期，早期在碱性基性伟晶岩－碳酸岩脉内部蚀变作用产生的重晶石往往交代原生重晶石、方解石、霓辉石颗粒呈斑块状或树枝状－似脉状集合体，分布不均匀。晚期，晚于稀土矿化，对稀土矿的富集产生破坏作用，重晶石细小纤柱状晶体沿早期重晶石、石英、氟碳铈矿进行蚕食交代，或沿岩石裂纹进行充填交代。

重晶石化主要见于英碱正长岩中。重晶石呈粒状、板状，常与霓石、方解石和黄铁矿连生，在英碱正长岩中含量一般为 0.5%。

2）萤石化

萤石化发育在较厚大的含矿碱性基性－碳酸岩脉内部或细脉比较集中的围岩中，蚀变强度与矿脉的距离成反比。蚀变强者为灰紫、淡绿灰色，构成不均匀的斑杂状。在围岩中，主要沿长英矿物粒间和微细裂隙交代充填，常呈斑块状、浸染状或微细脉状产出，与重晶石化常伴生，常与方解石和霓石（霓辉石）连生，偶见与氟碳铈矿连生。

3）碳酸盐化

碳酸盐化是岩浆期后富含 CO_2 的中低温热液蚀变作用，蚀变矿物为方解石。主要分

布于方解石碳酸盐脉及其围岩和碱性伟晶岩脉内。富含 CO_2 的热液，多沿长英矿物粒间分布，呈不规则的云朵状、斑块状、港湾状形态。部分沿微细裂隙贯入交代，形成细脉。蚀变强烈部位岩石呈肉红色及白色（方解石）和墨绿色（霓石）的斑杂色。方解石碳酸岩化与稀土矿化关系密切，见有氟碳铈矿、硅钛铈矿等与方解石连生产出。

4）黄铁矿化和方铅矿化

黄铁矿化和方铅矿化主要发育于方解石碳酸岩脉中，在其他矿脉中偶见褐铁矿化的假象黄铁矿。在地表围岩见呈假象黄铁矿的褐铁矿或空穴；在岩心上见晶洞或裂隙中的黄铁矿团块或浸染体，黄铁矿多呈立方体晶形。方铅矿分布较少，一般为小团块。在围岩中它们常呈细脉浸染状，与暗色矿物连生。

5）霓石－霓辉石化

在碱长花岗岩及流纹岩中，霓石－霓辉石化仅见于矿脉附近的岩石中，霓石－霓辉石呈细脉状或浸染状产出，交代早期岩浆矿物微斜长石、钠长石和石英等，形成斑晶，晶体多比早期岩浆矿物大，且常与不透明矿连生，偶见独居石、锆英石、磷灰石与之连生组成集合体。在英碱正长岩中主要呈浸染状分布，部分呈细脉状分布，霓石常与重晶石、萤石及氟碳铈矿连生，可见少量霓石色泽暗淡，被镁钠铁闪石和黑云母交代。

6）硅钛铈矿和氟碳铈矿化

氟碳铈矿和硅钛铈矿是矿脉中的主要稀土矿物。在紧邻矿脉的英碱正长岩中，氟碳铈矿呈板状晶体，常与重晶石、方解石和霓石连生。硅钛铈矿多与霓石连生，褐色，多色性明显，见于细脉中或矿物粒间。

3. 低温热液交代作用

低温交代蚀变作用主要是泥化，表现为早期长石矿物的绢云母化、高岭土化以及黑云母的绿泥石化。绢云母化多沿微斜长石解理发育成格子状分布的小鳞片。高岭土化分布不均，多沿长石裂隙产出。上述蚀变与稀土矿化无大关系。伴随着黑云母绿泥石化尚有黄钾铁钒化，在碱长花岗岩中分布较多。此外在三类围岩中硅化广泛发育，石英或呈不规则细粒集合体或树枝状、镰刀状以及似文象状广泛分布。

（二）表生变化

表生变化包含氧化作用和淋蚀作用。淋蚀作用现象最显著的是重晶石－天青石系列矿物和霓辉石，重晶石系列矿物，在不同的水化学条件下淋蚀分解，形成网格状、蜂巢状块体。在地表由含铁矿物、硫化矿物和稀土矿物氧化而形成的表生矿物有赤铁矿、镜铁矿、褐铁矿、钼铅矿、方铈石、白铅矿、孔雀石、毒重石、菱锶矿、硬石膏、铅钒、铅铁钒等。

矿床中极有意义的氧化产物是含稀土的黑色铁锰土，初步认为它主要是霓辉石风化形成的。矿区以剥蚀作用为主，风化壳不发育，淋积作用微弱。富含稀土的非晶质铁锰黑土，局限在重晶霓辉石型矿脉发育的破碎带和矿脉内的空洞中，分布深度达地表300 m以下。铁锰黑土的稀土配分Ce仅为41.8%，δCe为0.88%，属负异常。说明稀土元素表生分异作用极微弱。

三、矿化特征

（一）含矿带

牦牛坪稀土含矿带严格受哈哈断裂带控制，呈带状分布，由多组不同类型，大小不等，相互贯通、穿插、交织成大脉、平行脉带及网脉带的稀土矿（化）脉，以及与其穿插的英碱正长岩、碱长花岗岩和少量流纹岩、云煌岩等围岩共同构成的地质体。含矿带内部主体部位为走向北北东—北东的平行细脉带及大矿脉，东西两侧是以北北东—北东走向矿脉为骨干的多组矿脉相互贯通、交织的细网脉带。

含矿带长2800 m，宽300～660 m。总体呈北北东向展布，倾向北西西—北西，倾角65°～80°。倾斜控制延深大于500 m。

（二）含矿岩脉

含矿岩脉是稀土元素和其他有用伴生组分的主要载体。区内的主要含矿岩脉类型有碱性基性伟晶岩型和方解石碳酸岩型两大类。按矿物成分、结构构造可以分为重晶霓辉伟晶岩型含矿岩脉、正长霓辉伟晶岩型含矿岩脉和方解石碳酸岩型含矿岩脉3小类。各含矿岩脉结构构造和矿物成分见表3-7。

表3-7　含矿岩脉的结构、构造和矿物成分

含矿岩脉名称	结构	构造	主要矿物		次要矿物	
			稀土矿物	一般矿物	稀有、稀土矿物	一般矿物
重晶霓辉伟晶岩	自形、半自形、伟晶、细－粗结构	斑杂状、条纹－条带状构造	氟碳铈矿	重晶石、萤石、霓辉石	硅钛铈矿、褐帘石、稀土榍石、磷钇矿、铈磷灰石、贝塔石、铌铁矿、锆石	镁钠铁闪石、石英、长石、方解石、黑云母、褐铁矿
正长霓辉伟晶岩	自形、半自形、粗晶－伟晶结构	斑杂状、条带状构造	氟碳铈矿	微斜长石、霓辉石	褐帘石、硅钛铈矿、贝塔石、稀土榍石、铈磷灰石	石英、镁钠铁闪石、黑云母、方解石、重晶石、萤石
方解石碳酸岩	自形、半自形、伟晶、细－粗晶结构	块状、斑杂状	氟碳铈矿	方解石、萤石、重晶石、霓辉石	硅钛铈矿、褐帘石、铈磷灰石、稀土榍石、褐钇铌矿、磷钇矿、铀钍石、锆石	镁钠铁闪石、石英、长石、白云母、黑云母、褐铁矿、方铅矿、辉钼矿

（三）受控因素及矿脉内部结构特征

含矿岩脉受哈哈断裂带的次级构造裂隙控制，沿成矿前裂隙贯入。构造主体带含矿岩脉在剖面上表现为总体向西倾斜延深，呈雁行斜列，尖灭再现或尖灭侧现的特点。部分地段可见一组含矿岩脉受倾向相反的一对共轭扭裂面控制。

较厚大含矿岩脉内部结构受所充填裂隙性质制约。充填于北北东—北东走向压扭性裂隙的重晶霓辉伟晶岩型含矿岩脉，矿物自形程度低，粒度较细，条纹及条带构造发育，氟碳铈矿呈条纹条带主要在边部富集；也有氟碳铈矿沿脉体中部或全脉呈条纹、条带或斑点状富集。这组含矿岩脉边部富集者由中心向外可分为霓辉石带－重晶霓辉石带－重晶霓辉石氟碳铈矿带(含萤石较多)；在含矿岩脉中部富集者，充填于走向北北西的重晶霓辉伟晶岩型含矿岩脉，因充填于张性裂隙中，矿物结晶粗大，自形程度高，氟碳铈矿单晶体最大达 50 cm×15 cm×10 cm。脉内较宽大条带状构造发育，条带内为斑杂状构造。氟碳铈矿常在脉的中部富集，由中心向外大致可分为(石英)重晶石萤石氟碳铈矿带－过度带(重晶石、霓辉石增加)－重晶石霓辉石带(氟碳铈矿、萤石显著减少，无石英)，有的边部还发育不太宽的萤石重晶石氟碳铈矿带。近东西向组的正长霓辉伟晶岩(矿)脉，有的中心为很小的石英核，向边部对称发育微斜长石带－含微斜长石重晶石霓辉石带－重晶霓辉石带霓辉石带。北北东和北东走向肉红色方解石碳酸岩型含矿岩脉，自形程度低，矿物粒度也较小，氟碳铈矿主要富集在边部。

四、矿体特征

(一)总体特征

矿区的稀土矿体一般由较少的一种或两种类型以上的较厚大的矿脉与大量平行细脉带或细网脉带组成，也有部分几乎全由平行细脉带或细网脉带组成，个别为单脉矿体。矿脉与其围岩界线清楚，但因细脉带与无矿围岩呈渐变过渡关系，所以矿体与围岩的界线是过渡的，实地没有明显的界线。

矿体形态多种多样，以分枝的脉状、透镜状、带状为主，其次为不规则透镜状、囊状、树枝状，常具分枝复合，尖灭再现、尖灭侧现等特征，如(图 3-4、图 3-5)所示。矿体规模大小不一，长度几十米至近两千米，矿体厚度 1.23～101.32 m，延深 10 至大于 500 m。

各个矿体的平均品位变化较大，单个矿体内部稀土矿化程度变化更大，矿体的稀土品位高品位矿体的品位变化系数为 84%～129%，低品位矿体的品位变化系数为 30%～103%，矿化属均匀～较均匀型。

(二)主要矿体

1. 2 号矿体

2 号矿体分布于矿区北东侧，总体倾向 284°～314°，倾角 61°～79°，基本沿 45°方向展布，矿体长度 1980 m，控制矿体长度 1940 m。矿体中部呈十分显著而连续的膨大体，总体上呈北高南低的波状起伏。在剖面上明显地向上和向下呈指状分枝，沿走向上具膨大、分枝现象。

矿体厚度 1.89~72.07 m，平均厚度 16.78 m。延深大于 480 m。矿体 REO 品位沿走向和倾向的变化都不大，沿走向向北东端略显降低趋势。

矿石类型主要有细(网)脉－浸染状英碱正长岩型，重晶霓辉石型稀土矿石；次为方解石碳酸岩型和正长霓辉石型稀土矿石，少量细(网)脉状碱长花岗岩。重晶霓辉石型和正长霓辉石型稀土矿石。

矿体围岩及夹石均为霓石英碱正长岩和碱长花岗岩。

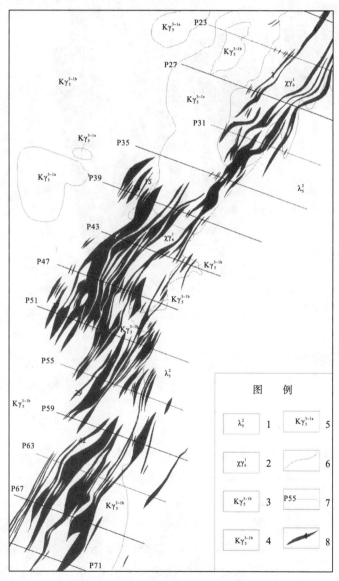

图 3-4 牦牛坪稀土矿区地质略图

1-第四系人工堆积 2-第四系残坡积＋冲洪积 3-流纹岩 4-霓石英碱正长岩
5-文象碱长花岗岩 6-浅灰色碱长花岗岩 7-紫红色碱长花岗岩 8-地质界线

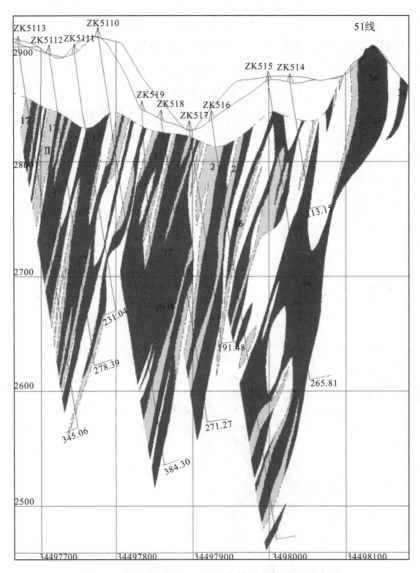

图 3-5 牦牛坪矿区 51 勘探线剖面矿体形态示意图

2. 17 号矿体

17 号矿体控制长 860 m，延深大于 350 m。矿体呈脉状、透镜状，总体倾向 292°~306°，倾角 62°~77°。沿 40°方向展布，在地表沿走向主要分两枝展布，为半隐伏矿体。

矿体具明显分枝尖灭、侧现，复合膨大特点，在走向上矿体主要分为两枝展布，形似独立的矿体，出露最大宽度约 150 m，向南北矿体则分 4~5 枝，而逐渐尖灭。剖面上明显地向上和向下呈指状分枝，侧现明显。控制最大厚度 179.32 m，最小厚度 23.32 m，平均厚度 27.57 m。矿体 REO 品位沿走向和倾向的变化都不大，高品位矿石一般都分布在重晶霓辉石型矿石中，仅有极少数细（网）脉－侵染状英碱正长岩型有高品位矿石。

矿石自然类型主要为细脉状英碱正长岩型、细脉状灰色细粒碱长花岗岩型和重晶霓辉石型三种；次为细脉状文象碱长花岗岩型稀土矿石。

矿体围岩及夹石主要为英碱正长岩，次为灰色碱长花岗岩和文象碱长花岗岩。

3. 36 号矿体

36 号矿体位于矿区中部，2 号矿体南端东侧。总体倾向 292°~320°，倾角 56°~77°，基本沿 45°方向展布，控制矿体长度 710 m。矿体几乎全被冲洪积层掩盖。

矿物在走向上、剖面上具明显复合膨大、分枝尖灭现象，矿体厚度 0.58~114.91 m，平均厚度 11.38 m，延深大于 480 m。矿体 REO 品位沿走向和倾向的变化都不大，高品位矿石一般都分布在重晶霓辉石型矿石中，仅有极少数细（网）脉-侵染状英碱正长岩型有高品位矿石。

矿石自然类型主要为细脉状英碱正长岩型和细脉状灰色细粒碱长花岗岩型，次为重晶霓辉石型。

矿体围岩及夹石主要为英碱正长岩，次为灰色碱长花岗岩。

4. 46 号矿体

46 号矿体控制长 630 m，延深大于 250 m。矿体呈脉状、透镜状，总体倾向 298°~325°，倾角 50°~67°，沿 30°方向展布。矿体几乎全被冲洪积层掩盖。

矿体在走向上具明显连续复合膨大特征，矿体厚度 1.19~37.80 m，平均厚度 9.03 m，矿体 REO 品位在走向和倾向的变化较大，由北向南品位逐渐增高。

矿石自然类型主要为细脉状灰色细粒碱长花岗岩型，次为细脉状英碱正长岩型，重晶霓辉石型较少。

矿体围岩及夹石主要为灰色碱长花岗岩，次为英碱正长岩。

5. 49 号矿体

49 号矿体控制长 800 m，延深大于 240 m。矿体呈脉状、囊状、透镜状，总体倾向 285°~315°，倾角 54~75°，沿 30°方向展布。矿体大部分被冲洪积层掩盖。

矿体在走向上具明显分枝尖灭、复合膨大特征，矿体厚度 0.8~52.81 m，平均厚度 11.82 m。延深大于 250 m。矿体 REO 品位沿走向和倾向的变化都不大，矿体两端略显降低趋势。

矿石自然类型主要为细脉状灰色细粒碱长花岗岩型，次为细脉状英碱正长岩型和重晶霓辉石型矿石，细（网）脉流纹岩型矿石较少。矿体围岩及夹石主要为灰色碱长花岗岩和英碱正长岩，次为流纹岩。

五、矿石质量

（一）矿石类型

1. 矿石自然类型

牦牛坪稀土矿床的工业矿物主要为氟碳铈矿，次有少量氟碳钙铈矿、硅钛铈矿，富集于碱性基性伟晶岩及同类细网脉和方解石碳酸岩型矿脉中，在霓石英碱正长岩中仅有少量分布。前两者大都构成独立的矿石类型，后者仅在有前两者细网脉发育时才构成网脉状-浸染状矿石。在细网脉发育的碱长花岗岩和流纹岩中，有时亦可构成稀土矿石。

一般在地表及浅部，大部分碱性基性伟晶岩型矿脉呈全风化至半风化状态，为灰紫色-褐黑色的土状、粉末状，部分为块状，结构多已被破坏。氧化带矿石的主要稀土矿物（氟碳铈矿）亦有不同程度的风化，在局部有次生富集现象。对矿石自然类型的划分主要是依据原生含矿岩脉（矿脉）类型、矿物组合及主要工业稀土矿物种类，结合所赋存围岩的岩石类型，划分为：

I——碱性基性伟晶岩型稀土矿石。根据矿物组合的不同进一步划分为：

I_1——重晶霓辉石型稀土矿石

I_2——正长霓辉石型稀土矿石

II——方解石碳酸岩型稀土矿石

III——细网脉（浸染）型稀土矿石，可细分为：

III_1——细网脉-浸染霓石英碱正长岩型稀土矿石

III_2——细网脉-碱长花岗岩型稀土矿石

III_3——细网脉-流纹岩型稀土矿石

其中以重晶霓辉石型（I_1）和细网脉型（III）矿石分布范围最广，规模较大，为组成工业矿体的主要矿石类型。各矿石自然类型特征见表 3-8。

2. 矿石工业类型

矿区组成矿石的工业稀土矿物除氟碳铈矿外虽还有硅钛铈矿和氟碳钙铈矿，但因其分布零星且含量低；其他共生矿物也大同小异，不影响矿石的选、冶工艺和技术经济指标。因此矿石工业类型为单一氟碳铈矿一个类型。

（二）矿石结构

矿石结构主要有自形晶结构、半自形-他形晶结构、嵌晶结构、伟晶结构、包含结构、交代结构、风化残余结构以及碎裂结构。

表3-8　牦牛坪稀土矿区矿石自然类型及特征表

自然类型			结构	构造	矿物成分				
					矿石矿物		脉石矿物		
大类	亚类	按主要工业矿物组合划分			稀土矿物	其他矿物	主要	次要	
碱性基性伟晶岩型(I)	重晶石霓辉石型稀土矿石(I₁)	氟碳铈矿型矿石	自形—半自形粒状,伟晶交代,浸晶,碎裂余化残结构	斑杂状,条带状,土状,多孔状	氟碳铈矿,硅钛铈矿,氟钙铈矿,方铈矿	方铅矿,辉银矿,辉钼矿,闪锌矿,斑铜矿,铌贝塔石,磁铁矿,铅贝塔石,重晶石,孔雀石,铅矾,白铅矿,钼铅矿,磷氯铅矿	霓辉石,萤石,钠铁闪石	镁钠铁闪石,硬石膏,微斜长石,微斜条纹长石,石英,方解石,毒重石,白云母	
	正长霓辉石型稀土矿石(I₂)	氟碳铈矿型矿石	自形—半自形粒状,伟晶交代,浸晶,碎裂余化残结构	斑杂状,条带状,土状,多孔状	氟碳铈矿,硅钛铈矿,氟钙铈矿	方铅矿,辉银矿,辉钼矿,黄铜矿,斑铜矿,闪锌矿,贝塔石,柱红石,铌铁矿,重晶石一天青石,白钨矿,黄氯铅矿,铅钒	霓辉石,微斜长石,石英,黑云母	微斜条纹长石,钠闪石,钠铁闪石,方解石,白云母,萤石,孔雀石,高岭石	
方解石碳酸岩型(II)		硅钛铈矿型—氟碳铈矿型矿石	自形—半自形粒状,中粒一伟晶,交代残余花岗,风化残余,碎裂结构	斑杂状,团块状	氟碳铈矿,硅钛铈矿,氟钙铈矿	方铅矿,辉钼矿,辉银矿,铀钍石,褐钇铌矿,锆石,金红石,闪锌矿,烧绿石,重晶石一天青石,铜兰,白铅矿,孔雀石,黄铁矿,斑铜矿	萤石,方解石	霓石,霓辉石,镁钠铁闪石,闪石,石英,长石,毒重石	
细网脉浸染型(III)	细网脉—浸染状碱霓正长岩型稀土矿石(III₁)	氟碳钙铈矿型—氟碳铈矿型矿石	半自形—他形粒状,镶嵌,交代花岗,余花岗,碎裂结构	细脉状,星散浸染状,细网脉状	氟碳铈矿,硅钛铈矿,氟碳钙铈矿	方铅矿,自然金,白钨矿,方柱石,铅矿,贝塔石,黄铜矿,斑铜矿,金红石,磁铁矿,钛铀矿,沥青铀矿,钍石,白铅矿,钼铅矿,重晶石一天青石	微斜长石,微斜条纹长石,钠长石,霓辉石+霓石	钠闪石,钠铁闪石,微纹长石,黑云母,反条长石,石英,重晶石,方解石,萤石,高岭石	
	细网脉碱长岩型稀土矿石(III₂)	氟碳铈矿型矿石	半自形—他形粒状,镶嵌,交代花岗,余花岗,碎裂结构	细(网)脉状	氟碳铈矿,独居石	方铅矿,白铅矿,独居石,金红石,重晶石,钡天青石	微斜条纹长石+正长石,微斜长石,钠长石	更长石,霓石,微斜长石,钠钠长石,钠闪石,黑云母,方解石,重晶石,镁钠铁闪石,绿泥石	
	细网脉流纹岩型稀土矿石(III₃)	氟碳铈矿型矿石	自形晶结构,半自形晶结构	细(网)脉状	氟碳铈矿	磁铁矿	碱性长石,正长石,钠长石,石英,微斜长石	霓辉石,钠铁闪石,黑云母,高岭石,绢云母	

(三)矿石构造

1. 斑杂状构造

自形或半自形粗晶－伟晶板状、厚板状的氟碳铈矿与重晶石、萤石和脉石矿石霓辉石、钠铁闪石、微斜长石或方解石等浅色与暗色矿物不均匀分布；呈斑杂状集合体。

2. 团块状构造

氟碳铈矿、萤石、重晶石或钡天青石、方铅矿等各自聚集成为大小不等的团块状集合体，稀疏不均匀分布于霓辉石、钠铁闪石、长石或方解石等脉石矿物中。

3. 浸染状构造

氟碳铈矿、氟碳钙铈矿、硅钛铈矿等稀土矿物，星散分布于矿物粒间或呈星点状嵌布于脉石矿物中。

4. 细脉－浸染状构造

氟碳铈矿分别与霓辉石、重晶石、萤石或方解石等矿物组成比较简单的细脉或交叉细网脉，充填于含有少量氟碳铈矿、氟碳钙铈矿呈浸染状分布的霓石英碱正长岩之裂隙中，构成细、网脉－浸染状矿石。

5. 细脉－网脉状构造

氟碳铈矿与脉石矿物组成矿物组合比较简单的稀土矿脉，呈细脉或交叉细网脉充填于碱长花岗岩或局部流纹岩的裂隙中，构成细脉－网脉状矿石。

6. 条纹条带状构造

在重晶霓辉石型稀土矿脉中，有时可见粗晶－伟晶板状的氟碳铈矿与霓辉石、重晶石等各自聚集，构成相间交替出现，平行排列的韵律或条纹、条带。

7. 蜂巢状构造

蜂巢状构造常见于风化带的重晶霓辉石型稀土矿脉中，重晶石已被强烈风化淋蚀后，具有较密集的蜂窝状溶蚀孔洞。

(四)矿石矿物组合及矿化阶段

1. 矿物组合

牦牛坪稀土矿床矿物种类繁多，达85种，其中稀土、稀有和铀钍矿物20种。据矿物晶体化学特征共分为 14 类。稀土矿物主要为氟碳酸盐，其次为硅酸盐类、磷酸盐类和氧化物类。稀土元素多呈独立矿物存在，也有呈类质同象替代关系赋存于其他矿物晶格中。矿床(石)的矿物组合列于表 3-9，主要矿石类型矿物含量见表 3-10。

碱性基性伟晶岩型矿石中，除氟碳铈矿外，还见有少量的方铈石、褐帘石、硅钛铈矿等。由于该类型矿石遭受风化程度较深，稀土氧化矿物和金属硫化物的次生矿物含量和种类均比其他类型矿石多。

方解石碳酸岩型矿石中，除氟碳铈矿外，硅钛铈矿、金属硫化物含量也较高，金属硫化物以方铅矿、辉钼矿为主。

细网脉矿石中，由于包括了重晶霓辉石细脉、萤石石英正长石细网脉、方解石碳酸岩细脉等矿物组合和几种酸性岩浆岩的矿物组合，矿物种类比其他类型明显增多。细网脉浸染霓石英碱正长岩型矿石中稀土矿物除氟碳铈矿外，还含有一定量的氟碳钙铈矿，独居石和贝塔石也较其他类型常见。

表 3-9 牦牛坪稀土矿矿物组合

矿物类型	矿物名称	种数
自然元素	金	1
硫化物、碲化物	方铅矿、闪锌矿、黄铁矿、辉钼矿、辉铋矿、磁黄铁矿、黄铜矿、斑铜矿、辉银矿、碲铅矿、雌黄、铜蓝	12
氧化物、含水氧化物	石英、磁铁矿、金红石、钛铁矿、钙钛矿、密陀僧、铅贝塔石、易解石、方铈石、锐钛矿、贝塔石、镜铁矿、褐钇铌矿、赤铁矿、晶质铀矿、沥青铀矿、斜方钛铀矿	18
氢氧化物	三水铝石、褐铁矿	2
硅酸盐	霓辉石、霓石、镁钠铁闪石、钠闪石、锆英石、褐帘石、符山石、方钍石、钍石、含稀土榍石、绢-白云母、绿帘石、黝帘石、金云母、黑云母、微斜条纹长石、正长石、微纹长石、钠长石、更长石、反条纹长石、硅钛铈矿、高岭石、沸石、硅灰石、微斜长石、铀钍石。	28
砷酸盐	磷氯铅矿	1
磷酸盐	独居石、磷灰石、稀土磷灰石、磷钇矿	4
钨酸盐	白钨矿	1
钼酸盐	钼铅矿	1
硫酸盐	重晶石、硬石膏、钡天青石、铅矾、铁铅矾	5
碳酸盐	方解石、毒重石、白铅矿、氟碳铈矿、氟碳铈钙矿、孔雀石、菱铁矿、白云石、菱锶矿	9
氧卤化物	黄绿铅矿	1
氟化物	萤石	1
碳化物	碳硅石	1
合计		85

表 3-10 矿石主要矿物含量表

矿石类型	重晶霓辉伟晶岩型(重量%)	方解石碳酸岩型(体积%)	细网脉-浸染型(重量%)
氟碳铈矿	4.31	2.73	4.11
硅钛铈矿	0.4	0.87	
贝塔石	0.01	微	
褐钇铌矿		微	
钍石		微	
方铅矿		0.21	
褐铁矿	2.96	0.43	1.73
铁钛氧化物		0.24	
硫化物		0.1	
白铅矿		0.45	
重晶石	37.19	12.78	
毒重石		0.9	
菱锶矿		0.17	
萤石	32.49	10.7	
金红石		0.01	
方解石		29.28	
石英		8.29	
碱性长石	0.52	19.19	59.89
霓石		7.87	0.73
霓辉石		1.64	
钠铁闪石	0.22	1.44	
白云母		1.39	
黑云母	0.56	0.53	7.29
榍石	1.07	0.64	微量
帘石		0.08	
绿泥石		0.09	
磷灰石		0.04	
锆石	0.01	0.03	
褐黑色矿泥	20.28		26.25
合计	100.02	100.1	100

2. 矿化阶段

根据矿物之间的穿插、嵌布和交代及后期变化特征,牦牛坪矿区大致可分为四个矿化阶段。

（1）以硅酸盐矿物和氧化物为主的高中温成矿期：包括长石、石英、金云母、黑云母、霓辉石、镁钠铁闪石、磁铁矿、锆石、硅钛铈矿、榍石、铈磷灰石、独居石、贝塔石等，上述矿物主要以高温晶出为主，部分延及中温阶段。

（2）以碱土金属和稀土金属与 CO_3^{2-}，F，SO_4^{2-} 结合成矿为主的中高温矿化阶段：晶出矿物有方解石、萤石、重晶石－天青石、氟碳铈矿等，它们的晶出开始于高温，结束于低温，主晶出期为中温阶段。

（3）以有色金属及 Fe 与 S 结合成矿为主的中低温矿化阶段：形成矿物有黄铁矿、方铅矿、闪锌矿、辉钼矿等硫化物，它们多分布在主矿物粒间，局部呈团块状、晶簇状分布在晶洞中。其晶出略晚于碱土金属矿物和稀土金属矿物。

（4）表生氧化分解淋积矿化阶段：本阶段形成铁锰黑土和次生及表生矿物。铁锰黑土在矿脉中沿裂隙和空洞分布，有时与重晶石等组成相间条带，分布极不均匀。含稀土铁锰质总的含量是重晶霓辉伟晶岩型矿脉＞细网脉型矿脉＞方解石碳酸岩型矿脉＞霓辉石微斜长石脉。非晶质铁锰黑土主要为霓辉石、霓石、镁钠铁闪石、黑云母等铁镁暗色矿物风化而成；次生和表生矿物种类较多，有次生重晶石、毒重石、菱锶矿、白铅矿、钼铅矿、褐铁矿、镜铁矿、方铈矿、铁锰土等。除铁锰黑土分布较广外，其他表生矿物产出很少，未形成氧化次生富集带，稀土元素也未发生明显的表生氧化分馏作用。

（五）矿石的化学成分其赋存状态

牦牛坪稀土矿矿石化学成分见表3-11，常见组分因矿石类型不同有较大差异，有用化学组分主要为稀土元素，伴生 Pb、Mo、Ag、Nb、$BaSO_4$、CaF_2 及 Th。有害组分为 Fe、Ca、P、F 和 U 等，含量较低，选矿后稀土精矿中的含量更加低微，远低于冶炼限量。

表3-11　矿石化学分析结果表（%）

样品号	重晶霓辉伟晶岩型			方解石碳酸岩型	细网脉－浸染霓石碱性花岗岩型	混合矿石
	I	Wn-1	Wn-2	WT-1	3	2
REO	2.81	7.96	18.32	3.86	1.25	3.7
SiO_2	26.75	8.69	10.94		58.78	31
TiO_2	0.15	0.05	0.14		0.02	0.4
Al_2O_3	3.91	4.689	1.68		12.19	4.17
Fe_2O_3	1.6		6.01		1.84	4
FeO	2.35	<3.576	0.09		0.5	0.43
MnO	0.99	1.356	1.92		0.35	0.73
MgO	1.5	1.161	0.45		0.3	1.1

样品号	重晶霓辉伟晶岩型			方解石碳酸岩型	细网脉—浸染霓石碱性花岗岩型	混合矿石
	I	Wn-1	Wn-2	WT-1	3	2
CaO	7.3	12.366	2.8		0.33	9.62
BaO	23.58	30.07	31.51	16.88	3.19	21.97
SrO		0.733	0.42	2.99		0.75
K_2O	1.48	0.638	0.44		3.04	1.35
Na_2O	1.73	0.917	0.005		4.02	1.39
P_2O_5	0.58	0.39	0.4	0.38	0.37	0.55
Nb_2O_5	0.04	0.008		0.018	<0.02	0.023
F	4.53	9.4		5.997		5.5
$-O=F_2$	1.91	3.967		2.525		2.32
CO_2	2.12				0.79	4.11
S	5.49	7.6		3.39	0.82	5.33
ThO_2	0.05	0.079		0.05	0.02	0.05
U	0.01			0.018		0.02
Pb	0.9	1.77		0.94	0.44	0.81
Mo		0.012		0.006		0.007
Bi				0.012		0.037
Ag(g/t)				21.63		7.6

1. 稀土氧化物

1）品位及稀土配分

不同类型的矿石，REO 的富集程度有差异。在重晶霓辉伟晶岩型矿石中，品位较高，矿区大部分高品位样品分布于该类型矿石中，一般 2%～10%，部分大于 10%，最高单样品位达 51.68%，富矿脉品位达 28.78%；方解石碳酸岩型矿石 REO 品位一般 1%～7%，个别高者达 14.78%；细网脉型矿石品位一般较低，REO 品位一般 1%～3%，仅有少量大于 5%。

在稀土元素组成特征上，Ce_2O_3 与 REO 呈线性正相关，REO 与 Eu_2O_3 呈直线正相关，与 Y_2O_3 相关性不密切。在碳酸岩型矿石中，REO 与 Eu_2O_3 和 Y_2O_3 不相关。

矿石的轻稀土氧化物配分达到 97.45%～98.74%（表 3-12），属轻稀土强选择配分型。不同矿石类型，重稀土配分有一定差异，总体上看，碱性基性伟晶岩型和细网脉（浸染）型矿石稀土配分基本无差异，方解石碳酸岩型略高。

表 3-12　各类型矿石稀土氧化物含量和配分表（%）

矿石类型	方解石碳酸岩				碱性基性伟晶岩型								细网脉（浸染）		混合矿石	
样号	WT-1		AK14		AK18		Wn-1		Wn-2		I		AK17		II	
稀土元素氧化物及特征参数	含量	配分	含量	配分	含量	配分	含量	配分	含量	配分	含量	配分	含量	配分	含量	配分
La_2O_3	1.058	30.05	0.496	34.25	1.86	38.37	1.94	26.24	6.827	37.26	0.738	26.2	1.391	37.31	1.026	27.5
Ce_2O_3	1.74	49.42	0.672	46.41	2.131	43.96	3.669	49.63	8.611	47	1.41	50.03	1.724	46.25	1.865	50
Pr_6O_{11}	0.091	2.58	0.057	3.94	0.184	3.8	0.318	4.3	0.623	3.4	0.139	4.93	0.14	3.76	0.166	4.5
Nd_2O_3	0.484	13.75	0.164	11.33	0.497	10.25	1.12	15.15	1.798	9.81	0.415	14.72	0.38	10.19	0.521	14
Sm_2O_3	0.058	1.65	0.019	1.31	0.06	1.24	0.131	1.77	0.146	0.79	0.036	1.27	0.041	1.1	0.046	1.25
Eu_2O_3	0.01	0.28	0.004	0.28	0.011	0.23	0.024	0.33	0.017	0.09	0.009	0.3	0.005	0.13	0.008	0.25
Gd_2O_3	0.029	0.82	0.009	0.62	0.026	0.54	0.062	0.84	0.079	0.43	0.063	0.54	0.017	0.46	0.021	0.58
Tb_2O_3	0.005	0.14	0.001	0.07	0.004	0.08	0.01	0.14	0	0			0.003	0.08	0.001	0.04
Dy_2O_3	0.008	0.23	0.004	0.28	0.01	0.21	0.02	0.27	0.016	0.08			0.005	0.13	0.004	0.11
Ho_2O_3	0.002	0.06	0.001	0.07	0.002	0.04	0.004	0.05	0.005	0.02			0.001	0.03	0.002	0.06
Er_2O_3	0.001	0.03	0.002	0.14	0.005	0.1	0.008	0.11					0.003	0.08	0.003	0.07
Tm_2O_3	0.001	0.03	0		0.001	0.02	0.002	0.03					0	0		
Yb_2O_3	0.002	0.06	0.001	0.07	0.003	0.06	0.004	0.05	0.01	0.05	0.001	0.03	0.001	0.03	0.001	0.03
Lu_2O_3	0	0	0	0	0	0	0.001	0.01	0	0			0	0		
Y_2O_3	0.32	0.91	0.018	1.24	0.054	1.11	0.08	1.08	0.188	1.01	0.047	1.66	0.017	0.46	0.02	0.76
$\sum Ce_2O_3$	3.441	97.73	1.412	97.52	4.743	97.85	7.202	97.42	18.002	98.35	2.747	97.45	3.681	98.74	3.632	97.5
$\sum Y_2O_3$	0.08	2.28	0.036	2.49	0.105	2.16	0.191	2.58	0.298	1.59	0.063	2.23	0.047	1.26	0.068	1.65
REO	3.521	100.01	1.448	100.01	4.848	100.01	7.393	100.01	18.32	99.94	2.81	99.68	3.728	100	3.7	99.15
Eu/Eu^*	0.71		0.75		0.71		0.71		0.45		0.96		0.54		0.83	
Ce/Ce^*	1.04		0.81		0.71		1.03		0.79		0.96		0.76		0.96	
$(La/Sm)_n$	11.35		16.03		19.29		9.21		29.42		12.78		21.19		13.83	
$(Gd/Yb)_n$	8.9		5.47		9.49		24.27		24.27		32		10.34		12.17	
$(La/Yb)_n$	346.46		257.51		345.59		310.2		2037		1666		796.92		600	

2)稀土元素的赋存状态

矿石中 75%~96% 的 REO 是以独立稀土矿物形式存在的，其中绝大部分为氟碳铈矿，次为硅钛铈矿，少量氟碳钙铈矿、方铈石，微量褐帘石、独居石、磷钇矿、含稀土榍石、铈磷灰石、贝磷灰石、贝塔石等。另有一定数量的稀土氧化物赋存于褐黑色土状风化物中，其中 65%~70% 的 REO 呈胶态相赋存于铁锰非晶质体中，呈离子吸附状态，其余呈微细氟碳铈矿颗粒存在。因此，以氟碳铈矿形式存在的稀土氧化物为 80% 以上。重晶石、萤石和脉石矿物中分散率仅为 0.62%~3.95%，详见表 3-13。

表 3-13　各类型矿石中稀土总量分配表

矿石类型	矿物名称	矿物含量（Wt%）	各矿物相中 REO 含量（%）	REO 在各矿物相中的分配值（%）	REO 在各矿物相中的分配率（%）	原矿 REO 含量（%）	REO 平均系数（%）
重晶霓辉伟晶岩型	氟碳铈矿	4.309	74.480	3.209	75.47		
	硅钛铈矿	0.398	42.58	0.169	3.98		
	稀土榍石、锆石	1.075	3.030	0.032	0.75		
	贝塔石	0.007	1.273	0.000	0.000		
	重晶石	37.187	0.242	0.090	2.12		
	萤石	32.488	0.070	0.023	0.54		
	长石、石英	0.524	0.030	0.000	0.000		
	镁钠铁闪石、黑云母、褐铁矿	3.735	0.227	0.003	0.07		
	褐黑色矿泥	20.278	3.58	0.726	17.07		
	合计	100.001		4.252	100.00	4.80	88.58
方解石碳酸岩型	氟碳铈矿	4.500	73.304	3.299	82.35		
	硅钛铈矿	1.269	43.263	0.549	13.70		
	重晶石	19.000	0.20	0.038	0.95		
	脉石矿物组合	75.000	0.16	0.120	3.00		
	合计	99.769		4.006	100.00	3.86	103.78
细网脉－浸染霓石英碱正长岩型	氟碳铈矿	4.111	75.353	3.098	74.56		
	长石、石英	59.890	0.03	0.018	0.43		
	霓石	0.730	0.634	0.005	0.12		
	黑云母	7.288	0.020	0.001	0.02		
	稀土榍石	0.003	3.030	0.000	0.00		
	褐铁矿	1.733	0.11	0.002	0.05		
	矿泥	26.245	3.93	1.031	24.81		
	合计	100.00		4.155	99.99	4.13	100.61

2. 其他组分

Pb：主要沿稀土矿带之平行细网脉带断续分布，靠近方解石碳酸岩脉地段较为富集，形成铅矿体，并与稀土矿化呈正相关。赋存状态主要以方铅矿形式产出，少量呈碲铅矿产出，氧化带还以次生钼铅矿、磷氯铅矿、铅矾、白铅矿、黄绿铅矿等形式产出。褐黑色铁锰土中的 Mn-Fe 非晶质体也富含铅，少量呈类质同象分散于铀钍矿物中。

Mo：钼矿化分布不均，在矿区北段较为富集，品位较高，而矿区南段品位相对较低，靠近方解石碳酸岩脉地段较为富集，形成钼矿体。赋存状态主要以辉钼矿存在，氧化带还以次生钼铅矿（彩钼铅矿）形式存在。

CaF_2 和 $BaSO_4$：主要集中分布于重晶霓辉伟晶岩型矿石中，其含量较高，且含量分布不均，不同地段的重晶霓辉伟晶岩中重晶石和萤石的含量变化较大。Ba 绝大部分以重晶石、锶重晶石产出。氧化带有少量毒重石，其余的呈类质同象赋存于钡天青石、天青石、萤石及氟碳铈矿、氟碳钙铈矿中。Sr 主要呈天青石、钡天青石、菱锶矿产出，其余呈类质同象赋存于重晶石、锶重晶石、萤石及氟碳铈矿、氟碳钙铈矿中。

(六)矿石风化及矿泥特征

1. 矿石风化概况

矿石风化程度因类型不同差异很大，矿区分布较广的主要工业矿石——重晶霓辉伟晶岩型矿石，风化强烈，主要表现为霓辉石风化呈小于 0.044 mm 的棕黑色土状物，重晶石风化呈蜂窝状和瓷白色粉末，在地表或浅部，氟碳铈矿也有一定程度风化，表面生成粉末状方铈石等次生矿物，萤石一般风化较弱。弱-未风化的氟碳铈矿和萤石因解理、裂隙发育，周围其他矿物风化后给出较大自由空间，加上后期构造挤压而普遍碎裂或自然崩解，该类矿石风化深度较大，一般到 300 m 以下。

正长霓辉伟晶岩型矿石地呈表弱-中等风化，主要表现在霓辉石虽仍保留了它的晶形，但内部已褐铁矿化，地表以下很快极为新鲜。

方解石碳酸岩型矿石仅地表呈弱风化，表现为重晶石（钡天青石）表面形成蜂窝状，由表向内可见其渐变为姜黄色-淡兰色块状（钡天青石）；白色方解石风化呈细的灰色菱形块，一触即散。其他矿物未见明显的风化现象。

细网脉-浸染型霓石英碱正长岩型矿石，因其细网脉为含重晶霓辉石型，所以细脉全风化，风化深度及程度与同种大脉相似，若细脉为石英、萤石（重晶石、正长石）氟碳铈矿脉，地表为半风化，重晶石风化呈蜂窝状，其他矿物风化不明显；脉间围岩霓石英碱正长岩在地表及浅部均为半风化，碱性长石高岭土化，霓石褐铁矿化，深部为弱风化-半风化。

矿区内矿石风化程度主要依矿石类型呈不规则的线状分布，非面型风化，风化强度与深度无明显关系，更无法按深度划分"三带"。同时，不论是何种类型矿石，也不论其风化程度，其主要工业矿物——氟碳铈矿基本未发生物相的变化。

2. 黑色土状风化物——自然矿泥

黑色土状风化物——自然矿泥是由重晶霓辉石型矿石在风化作用下产生的褐黑色粉末状土状物，粒度小于 0.044 mm。矿区含泥率一般为 5.56%～22.5%，平均 13.32%，含泥率与矿石离地表深度基本无关。褐黑色土状风化物主要由霓辉石、霓石、镁钠铁闪石、黑云母等铁镁暗色矿物风化而成，呈斑杂状、条带状及细脉状集合体。在重晶霓辉伟晶岩型、正长霓辉伟晶岩型和细网脉型稀土矿石中与重晶石、萤石、方解石黑云母、镁钠铁闪石及氟碳铈矿等矿物伴生。

1）物质组分

褐黑色土状风化物由晶质矿物和非晶质体组成，晶质矿物主要是重晶石、氟碳铈矿、钠铁闪石；非晶质体主要为铁锰质和硅铝质，整体呈松散集合体。铁锰非晶质体占非晶质体总量的 74.14%，（体积）主要成分为 Mn、Fe、Pb、REO 等。Mn、Fe、REO 分布较均匀，Pb 分布不均匀。硅铝非晶质体占非晶质体总量的 25.86%（体积），主要成分为 Si、Al，分布较均匀，不含稀土和 Pb。据中国地质大学（武汉）杨明星等取样研究，非晶质体占 67.97%。

2）自然矿泥中稀土元素赋存状态

褐黑色土状风化物是矿区次生稀土的富集体，是中、重稀土 Eu 和 Y 的主要载体。霓辉石全风化之褐黑色土状物局部取样 REO 品位为 6.949%～19.488%。代表性刻槽取样后淘洗出自然矿泥（黑色土状风化物）分析，其品位一般为 2.34%～5.65%，矿泥 REO 品位一般低于原矿，平均为原矿的 73.38%。经计算，矿泥中稀土分布量仅占原矿石 REO 总量的 3.71%～42.42%，平均 18.26%（表 3-14）。

表 3-14　自然矿泥中 REO 分布计算表

样品编号	原矿			去泥矿石			矿泥			矿泥中REO分布率（%）
	重量（g）	品位（%）	REO分布量(g)	重量（g）	品位（%）	REO分布量(g)	重量（g）	品位（%）	REO分布量(g)	
MN02	1930	9.15	176.60	1795	9.19	164.96	135	4.85	6.55	3.71
04	1975	10.75	212.31	1760	10.30	181.28	215	7.35	15.80	7.44
06	1990	15.74	313.23	1750	16.10	281.75	240	8.39	20.14	6.43
07	1945	1.78	34.62	1620	1.62	26.24	325	2.20	7.15	20.65
08	1830	1.52	27.82	1540	1.20	18.48	290	3.15	9.14	32.85
12	2000	7.46	149.20	1600	7.46	119.36	400	5.18	20.72	13.89

样品编号	原矿			去泥矿石			矿泥			矿泥中REO分布率(%)
	重量(g)	品位(%)	REO分布量(g)	重量(g)	品位(%)	REO分布量(g)	重量(g)	品位(%)	REO分布量(g)	
13	2000	2.12	42.40	1750	1.79	31.33	250	3.24	8.10	19.10
16	2000	1.42	28.40	1800	1.14	20.52	200	3.94	7.88	27.75
17	2000	2.48	49.60	1600	1.86	29.76	400	5.26	21.04	42.42
22	2000	5.84	116.80	1700	6.72	114.24	300	3.08	9.24	7.91
25	2000	5.22	104.40	1550	5.22	85.56	450	4.36	19.62	18.79
平均		5.35			5.25			4.57		18.26

自然矿泥中的稀土元素有两种赋存状态,其一是微细氟碳铈矿等晶质稀土矿物,微量分散于重晶石等其他晶质矿物中,呈矿物相出现。其二是呈胶态相赋存于非晶质体,而且99.8%分布于铁锰非晶质中,浸出胶态相稀土占自然矿泥中 REO 的 59.59%(表 3-15)。胶态稀土的分布也是不均匀的,有的部位比例高,有的部位比例低。由表 3-16 可见,Eu_2O_3、Sm_2O_3、Gd_2O_3、Y_2O_3 配分较原矿有较大提高,而 Nd_2O_3 的配分却大幅降低。在非晶质体中,前四者不但进一步提高,而且 Nd_2O_3 一跃达到 17.85%,高出晶质矿物 7.7 个百分点。而 La_2O_3、Ce_2O_3 配分大幅下降。

表 3-15 矿泥浸取试验结果

样品编号	矿泥 REO 含量(%)	浸出 REO(%)	浸出率(%)
MN04	7.38	2.93	39.7
MN05	11.58	4.22	36.44
MN06	8.45	3.14	37.16
MN09	6.08	4.94	81.25
MN12	5.26	2.96	56.27
MN13	3.12	2.32	74.36
MN14	3.86	2.41	62.44
MN15	2.79	1.41	50.54
MN16	3.96	2.95	74.49
MN17	5.46	3.67	67.22
MN18	3.88	2.26	58.25
MN19	4.24	2.29	54.01
MN20	3.37	2.32	68.84
MN21	2.38	1.59	66.81
MN22	3.16	2.4	75.95
MN23	6.32	3.45	54.59
MN24	3.92	3.06	78.06
MN25	4.38	1.59	36.3
平均值			59.59

表 3-16　黑色风化物的稀土含量及配分

稀土元素氧化物	黑色风化物		黑色风化物			
			晶质矿物		非晶质体	
	含量 Wt(%)	配分值(%)	含量 Wt(%)	配分值(%)	含量 Wt(%)	配分值(%)
La_2O_3	3.177	31.9	4.255	31.39	2.231	22.1
Ce_2O_3	5.579	56.01	7.112	52.46	4.783	47.39
Pr_6O_{11}	0.477	4.79	0.448	3.3	0.573	5.68
Nd_2O_3	0.179	1.8	1.419	10.47	1.802	17.852
Sm_2O_3	0.217	2.18	0.152	1.12	0.242	2.397
Eu_2O_3	0.043	0.43	0.022	0.16	0.053	0.525
Gd_2O_3	0.097	0.97	0.065	0.48	0.112	1.11
Tb_4O_7	0.009	0.09	0.006	0.04	0.0182	0.18
Dy_2O_3	0.034	0.34	0.013	0.1	0.0585	0.58
Ho_2O_3	0.007	0.07	0.003	0.02	0.0086	0.085
Er_2O_3	0.013	0.13	0.005	0.04	0.0183	0.182
Tm_2O_3	0.002	0.02	0.0006	0	0.004	0.04
Yb_2O_3	0.013	0.13	0.004	0.03	0.0173	0.171
Lu_2O_3	0.001	0.01	0.0005	0	0.0033	0.033
Y_2O_3	0.112	1.12	0.052	0.38	0.149	1.436
REO	9.96	99.98	13.557	99.98	10.073	100
矿物含量(Wt%)	100		32.03		67.97	
REO 配分率(%)	100		38.76		61.24	
Lu_2O_3 配分率(%)	100		16.28		83.72	

第二节　德昌大陆乡稀土矿床

德昌县大陆乡稀土矿又称德昌大陆槽稀土矿,是四川省继冕宁县牦牛坪稀土矿之后发现的又一大型轻稀土矿,伴生 Pb、CaF_2、$BaSO_4$、$SrSO_4$ 等多种有益组分。地理位置位于德昌县大陆槽乡。大地构造位置位于康滇轴部基底断隆带中段,西与雅砻江—宝鼎裂谷盆地相邻,南河—磨盘山深大断裂带的次级断裂——大陆乡断裂自北向南穿过矿区,为矿床的成矿断裂。

一、成矿地质环境

矿区界于新村向斜与顺河向斜的南北转折端之间,南北向及北北东向线状褶皱和深大断裂发育,岩浆活动频繁,区域地层残缺不全,构造复杂,近南北向断裂构造控制了碱性岩和稀土成矿带的分布。大陆乡石英闪长岩-花岗岩岩体大面积出露，喜马拉雅期侵入其中的碱性岩-碳酸岩组合与区内的稀土有密切的关系。

（一）地层

矿区内无地层出露，在矿区北、西、南三个方向距离约 1 km 以外出露上三叠宝顶组地层。其上部泥岩、炭质泥岩、粉砂岩夹石英砂岩、长石石英砂岩，底部为岩屑石英杂砂岩。中部岩屑石英杂砂岩或长石石英砂岩与粉砂岩、泥岩不等厚互层，底部为砾岩。下部泥岩、粉砂岩、长石砂岩、含砾长石砂岩组成多个韵律，底部为砾岩。

（二）构造

1. 断裂

矿区位于磨盘山深大断裂西侧，构造复杂，褶皱、断裂发育，以近南北向为主。主要断裂特征见表 3-17。

表 3-17　主要断裂简要特征

名称	性质	断层特征	备注
大陆乡断裂	逆断层	具挤压拖拉皱曲，轴向 320°，断层走向北北东，倾向北西，倾角不详	由矿区北东经①、③号矿体之间的磨房沟延至大陆槽沟中
普威断裂	逆断层	断层倾向东，倾角约 50°，断层强烈挤压，岩石破碎并挤压扭曲，在火烧庙一带，发育小型皱曲和断层与之对应	由矿区南部通过
南木河断裂	逆断层	倾向东，倾角 70°~78°，断层两侧岩石破碎地层扭曲	由南向北延至矿区附近
张门闸断裂	逆断层	倾向东，倾角不详	由南向北延至矿区附近

2. 构造破碎带

矿区主要的控矿构造裂隙大致可分为三组：

①组，走向 310°~340°，倾向北东，倾角 45°~50°，为一系列张扭性破碎构造，是矿区的主要控矿构造之一。

②组，走向北北西—南南东，倾向南西，倾角大于 50°，为一系列压扭性破碎构造。

③组，走向近东西，倾向南或北，倾角一般大于 50°，是具跟踪特征的张性构造，延伸较短。

①、②组为矿区主要容矿构造，③组与①、②组的交汇处是矿脉（体）的膨大部位。

（二）岩浆岩

区内岩浆岩极发育，包括古元古代的石英闪长岩-花岗岩系列和喜山期碱性岩-碳酸岩系列。由于受断裂带影响，正长岩、混合石英闪长岩中发育有破裂构造，沿构造裂隙常有含矿脉或其他岩脉充填。矿区主要岩石特征见表 3-18，主要化学特征见表 3-19，稀土元素特征见表 3-20。

表 3-18　大陆乡稀土矿区主要岩浆岩岩石特征

岩石名称	产状	结构	构造	主要矿物	次要及次生矿物	主要稀土矿物
方解石碳酸岩	脉状	粒状镶嵌结构、碎裂结构	块状、浸染状构造	方解石、锶重晶石	霓辉石、石英、褐帘石、硅镁石、方铅矿、黄铁矿	氟碳铈矿、褐帘石
萤石锶重晶石－钡天青石岩（脉）	大脉、网脉状	自形－半自形－他形粒状结构，碎裂结构	浸染状、角砾状、斑杂状、条带状、多孔状、松散状构造	锶重晶石、钡天青石、萤石	霓辉石、方解石、毒重石、白云母、黑云母、长石、石英	氟碳铈矿
霓辉石长（斑）岩	岩株、岩脉、岩枝	半自形板柱状、粒状结构，斑状、似斑状结构、碎裂结构，（基质具微晶结构）	块状构造	正长石、条纹长石、钠长石、霓辉石、斜长石	霓辉石、石英、黑云母、柘榴石、绿帘石、绿泥石、方解石、褐帘石、黄铁矿、方铅矿、绢云母、重晶石、萤石、高岭石	氟碳铈矿、稀土榍石、独居石、褐帘石、锆石
石英闪长岩	岩基	细－中粒半自形结构	似片麻状、块状构造	中长石、普通角闪石、石英	黑云母、纤闪石、锆石、磷灰石、磁铁矿、榍石	

表 3-19　大陆乡稀土矿区岩浆岩化学特征

	岩石名称	石英闪长岩	霓辉正长岩	萤石锶重晶石岩	萤石钡天青石岩
岩石化学成分及岩石学特征	样品编号	岩 27	b01	DL01	DL03
	SiO_2	54.81	60.28	5.52	3.38
	TiO_2	0.70	0.34	0.00	0.002
	Al_2O_3	18.1	17.64	0.73	0.261
	Fe_2O_3	2.25	2.59	1.18	0.161
	FeO	4.86	1.77	0.06	0.503
	MnO	0.09	0.093	0.197	0.226
	MgO	5.10	0.78	0.70	0.00
	CaO	7.29	2.88	30.44	21.99
	BaO		0.59	7.16	3.32
	SrO		1.15	14.52	26.6
	K_2O	0.92	5.99	0.13	0.06
	Na_2O	3.15	4.85	0.094	0.12
	P_2O_5		0.135	0.26	0.094
	PbO		Pb：0.03	Pb：0.29	Pb：0.14
	CO_2		0.6	4.19	0.97
	H_2O^+		0.57	1.46	0.78

岩石名称	石英闪长岩	霓辉正长岩	萤石锶重晶石岩	萤石钡天青石岩
样品编号	岩 27	b01	DL01	DL03
REO		0.133	7.48	3.8
Nb_2O_5		0.01	0.000	0.000
F		0.06	19.8	15.98
$-O=F_2$		−0.03		
SO_3		S：0.04	S：4.43	S：21.77
K_2O/Na_2O	0.29	1.23	1.44	0.50
$Al_2O_3/(CaO+K_2O+Na_2O)$	1.59	1.28	0.02	0.01
δ	1.40	6.81		
A. R	1.38	2.80		

（左侧纵排标注：岩石化学成分及岩石学特征）

表 3-20　大陆乡稀土矿区主在岩浆岩稀土含量（$\times 10^{-6}$）配分（%）及特征值

矿石类型	石英闪长岩		霓辉正长岩		霓辉正长斑岩		方解石碳酸岩	
样号	b03		b01		b02		D325－B1	
	含量	配分	含量	配分	含量	配分	含量	配分
La	36.24	17.08	287.21	25.38	248.40	29.03	1593.00	37.84
Ce	73.86	34.80	503.02	44.45	400.50	46.81	1869.60	44.41
Pr	10.28	4.84	69.89	6.18	38.64	4.51	155.82	3.70
Nd	32.69	15.40	174.85	15.45	114.20	13.35	408.80	9.71
Sm	6.88	3.24	27.46	2.43	13.83	1.62	41.94	1.00
Eu	1.33	0.63	6.24	0.55	3.04	0.35	10.25	0.24
Gd	6.09	2.87	13.62	1.20	7.27	0.85	24.74	0.59
Tb	1.09	0.51	1.60	0.14	0.89	0.10	2.88	0.07
Dy	5.56	2.62	7.01	0.62	3.70	0.43	12.43	0.30
Ho	1.18	0.56	1.48	0.13	0.40	0.09	2.61	0.06
Er	3.07	1.45	3.17	0.28	1.71	0.20	5.47	0.13
Tm	0.54	0.25	0.43	0.04	0.28	0.03	0.92	0.02
Yb	2.98	1.40	2.54	0.22	1.50	0.18	4.62	0.11
Lu	0.52	0.25	0.45	0.04	0.23	0.03	0.65	0.02
Y	29.93	14.10	32.76	2.89	20.69	2.42	75.94	1.80
REE	212.24	100.00	1131.71	100.00	855.62	100.00	4209.67	100.00
ΣCe	161.28	75.99	1068.67	94.44	818.61	95.67	4079.41	96.90

（左侧纵排标注：稀土元素含量及特征值）

矿石类型	石英闪长岩		霓辉正长岩		霓辉正长斑岩		方解石碳酸岩	
样号	b03		b01		b02		D325−B1	
	含量	配分	含量	配分	含量	配分	含量	配分
$\sum Y$	50.96	24.01	63.06	5.56	37.01	4.33	130.26	3.10
$\sum Ce/\sum Y$	3.16		16.95		22.12		31.32	
$\sum TSE$	153.07	2.20	10.20	0.90	24.41	0.60	17.31	0.41
δEu	0.62		0.88		0.84		0.90	
δCe	0.91		0.83		0.89		0.72	
Eu/Sm	0.19		0.23		0.22		0.24	
(Ce/Yb)N	6.41		51.02		69.03		104.65	
(La/Yb)N	8.20		75.94		111.60		232.42	
(La/Sm)N	3.31		6.58		11.30		23.89	

（左侧纵向表头）稀土元素含量及特征值

1）石英闪长岩−花岗岩系列

石英闪长岩−花岗岩系列为中条期侵入岩，包括黑云角闪石英闪长岩、黑云英云闪长岩、黑云斜长花岗岩、黑云花岗闪长岩、黑云二长花岗岩等。石英闪长岩−花岗岩系列为喜马拉雅期碱性岩−碳酸岩系列岩石的围岩，其岩石特征主要为半自形粒状结构，块状、片麻状构造，造岩矿物主要为长石、角闪石、石英、黑云母，副矿物为磁铁矿、磷灰石、锆石等，具绢云母化、钠黝帘石化、绿泥石化、阳起石化。岩石属 SiO_2 弱过饱和，富钙，高铝，富钾、钠的弱碱性岩石。

石英闪长岩的 SiO_2 含量为 54.81%，$K_2O+Na_2O>3\%$，且 K_2O/Na_2O 为 0.29，$Al_2O_3/(CaO+K_2O+Na_2O)$ 为 1.59，δ 为 1.4，A.R 为 1.38，且 SiO_2-A.R 图解中投点落入钙碱质区（图 3−6），标准矿物中有钾长石、钠长石、钙长石等出现，表明该岩石为 SiO_2 过饱和的钙碱性岩石。

稀土配分属轻稀土选择配分型，$\sum Ce/REE$ 为 75.99%，岩石稀土分馏程度较高，$\sum Ce$ 相对富集。

2）喜马拉雅期碱性岩−碳酸岩系列

为霓辉正长岩、霓辉正长斑岩、方解石碳酸岩、辉绿岩、云煌岩脉、碱性伟晶岩脉、含霓辉萤石锶重晶石岩脉、萤石钡天青石岩等岩性组合。

（1）霓辉正长（斑）岩。

呈岩株产出，零星呈岩脉产出。正长岩株平面形态极不规则，长轴近 290° 方向展布，向西北角膨大，可细分为浅灰−褐灰色（流状）微细至中粒霓辉石英正长岩、灰色细中−粗中粒霓辉碱长正长岩、灰色（流状）微细粒状（钠闪）霓辉石英正长岩（和灰−深灰色

(流状)微细至细粒斑状霓辉正长岩 4 种岩石。霓辉正长岩主要矿物：正长石、条纹长石、少量斜长岩、霓辉石、钠长石。副矿物有氟碳铈矿、稀土榍石、贝塔石、褐帘石等。局部见褐铁矿化，为稀土矿源体。

其化学成分与冕宁县牦牛坪英碱正长岩相类似，且碱度值更高。在 $SiO_2-A.R$ 图解中投点落入碱长区，其稀土元素配分形式与本地区稀土矿石相似(图 3-6)，表明该岩株为稀土矿床的成矿母岩。

(2)方解石碳酸岩。

方解石碳酸岩呈形态不规则岩脉带产出，单脉宽几十厘米，脉间为正长岩或石英闪长岩。碳酸岩呈灰白色泛天蓝色，碎裂结构，粒状镶嵌结构，稀疏浸染状构造。主要矿物有方解石、锶重晶石及少量石英、硅美石、霓辉石；副矿物有褐帘石、方铅矿；偶见氟碳铈矿。

(3)碱性伟晶岩脉和含霓辉萤石锶重晶石岩脉为稀土矿围岩，够品位直接形成伟晶岩型和霓辉萤石锶重晶石型稀土矿石。

(4)辉绿岩和云煌岩脉在矿区少量分布，一般脉体规模小，分布零星。

霓辉正长(斑)岩和方解石碳酸岩的 $\sum Ce/\sum Y$ 为 16.95～31.32，$(Ce/Yb)N$ 为 51.02～104.65，$(La/Yb)N$ 高达 75.94～232.42，表明岩石的稀土分馏程度很高，为 $Ce>La>Nd$ 的强选择配分型。

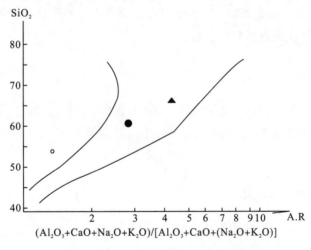

图 3-6　SiO_2 与岩石碱性指数变异图

○-石英闪长岩　●-霓辉正长(斑)岩　▲-英碱正长岩(牦牛坪矿区)

二、围岩蚀变及表生变化

大陆乡矿区的矿体主要产于霓辉正长(斑)岩和碳酸岩，其次是混合石英闪长岩的构造裂隙中。围岩蚀变较强，蚀变种类较多，范围广，且互相叠加。大致可分为四个阶段。

（一）岩浆晚期或岩浆期后的 K、Na 交代作用

K、Na 交代作用包括黑云母化、霓辉石化、钠长石化、绿帘石化和绿泥石化。主要见于霓辉正长（斑）岩中，呈浸染状分布，是自交代作用的产物，钠长石化呈树枝状、细条纹状沿正长石解理、裂隙和边缘交代呈条纹长石和反应净边结构。氟碳铈矿等稀土矿物也频繁出现。

（二）岩浆期后中低温热液交代作用

它是与稀土矿化相伴生的交代蚀变作用，蚀变强度与矿脉分布的密度成正比，与矿脉距离成反比。主要有以下四种。

1. 霓辉石化

霓辉石化在石英闪长岩中仅见于矿附近的岩石或裂隙旁，霓辉石呈星点浸染状产出，部分被黑云母置换，并析出铁质。

在霓辉正长（斑）岩中，该蚀变作用主要表现为原生霓辉石次闪石化、黑云母化，亦有被钙铝榴石交代，被黑云母置换则析出铁质。新生霓辉石在钠长石化作用中逐渐发育，新生的霓辉石与新生的钠长石较平直的镶嵌粒状产出，呈星点状、斑点状分布，或沿长英矿物粒间、解理裂纹交代分布。在矿脉附近的霓辉正长岩中产生霓辉石化的同时，又叠加了锶重晶石化、钡天青石化、碳酸盐化。

2. 碳酸盐化

碳酸盐化为岩浆期后（富含 CO_2）中低温热液作用的产物。蚀变矿物为方解石、毒重石、菱锶矿，主要产于矿脉及其附近的围岩中，沿裂隙充填，呈不规则脉状、放射状、扇状、纤丝状。

3. 锶重晶石－钡天青石化

锶重晶石主要发育于含霓辉萤石锶重晶石矿脉中及其附近的围岩中，呈粒状、板状、浸染状、斑块状等形态产出。钡天青石化发育于含霓辉萤石钡天青石矿脉内部及附近的围岩中，亦呈粒状、板状、浸染状、斑块状等形态产出。锶重晶石、钡天青石多与萤石、氟碳铈矿连生。

4. 萤石化

萤石化广泛发育于矿脉（体）内及其旁侧的围岩中。其特点是萤石在矿脉（体）内多呈浸染状或集合团块状分布，多呈紫色、淡绿色和无色，与稀土矿化和锶重晶石－钡天青

石化同时出现，在围岩中的长英质矿物粒间也常见。

此外在矿脉及附近有黄铁矿化、方铅矿化、绢云母化、高岭石化等蚀变。

（三）低温热液交代作用

低温热液交代作用主要是泥化，表现为围岩中的早期长石矿物的绢云母化、高岭土化以及黑云母的绿泥石化。

（四）表生变化

表生变化主要是溶解淋失作用。表现为重晶石－钡天青石系列矿物在天水淋滤下分解，由于SrO_4微溶于水，易溶失，重晶石残留，形成网格状、蜂巢状块体，并最解离成疏松矿石；锶重晶石在天水的长期作用下变化为鲕粒的毒重石、方解石。

矿脉中霓辉石多风化成黑褐色粉末状，保留斑杂状似条带状产出的假晶形态。褐黑色土状物与冕宁牦牛坪稀土矿此类物质相同，为锰铁非晶质体和硅铝非晶质体，是次生稀土的载体。

三、矿化特征

1. 含矿带

大陆乡稀土矿化带主要受大陆断裂及其派生的多组控矿构造裂隙控制，呈带状分布，由多组不同类型，大小不等，相互贯通、穿插、交织成透镜状、细脉和网脉状的稀土矿（化）脉，以及与其穿插的正长岩、石英闪长岩等围岩构成的综合地质体。

含矿带长度大于 920 m，宽 180～250 m。总体呈北西向展布，大陆乡断裂从中切割为东西两部分。含矿带东部呈北北西—南东东向舒缓带状展布，倾向 267°，倾角 60°～65°工程控制长度 350 m，地表出露水平宽 50～240 m，倾斜延深大于 500 m；西部长约 500 m，宽约 220 m，倾向 36°，倾角约 75°，倾斜延深大于 450 m。

2. 含矿岩脉

一般情况下将含矿岩脉分为大脉和细脉，宽度大于 30 cm 者称大脉，小于 30 cm 者称细脉，大陆乡稀土矿区含矿岩脉按矿物组合可分为两类：

（1）霓辉石萤石锶重晶含矿岩脉。

（2）萤石钡天青石碳酸岩型含矿岩脉。

霓辉石萤石锶重晶石含矿岩脉为含矿带西部的主体，其周围为矿物成分与之相同的细脉或细网脉，碳酸盐化强烈。萤石钡天青石碳酸岩型含矿岩脉是含矿带东的主体，根据其结构构造不同还可划分出萤石钡天青石碳酸岩型含矿岩脉和角砾状萤石钡天青石碳酸岩型含矿岩脉两个小类。

各含矿岩脉结构、构造和矿物成分见表 3-21。

表 3-21　大陆乡稀土矿区含矿岩脉结构、构造及矿物成分表

含矿岩脉	结构	构造	稀土矿物		其他矿物	
			主要	次要	主要	次要
萤石钡天青石碳酸岩脉	自形、半自形、细晶、碎裂结构、粒状镶嵌结构	浸染状、斑杂状、多孔状、松散状构造，角砾状构造	氟碳铈矿	独居石、稀土榍石、褐帘石、磷灰石	方解石、重晶石、萤石、天青石	石英、长石、白云母、黑云母、褐铁矿、方铅矿、闪锌矿、菱锶矿
霓辉石萤石锶重晶岩脉	自形、半自形、他形、碎裂结构	浸染状、斑杂状、多孔状、松散状构造	氟碳铈矿	独居石、稀土榍石、褐帘石、磷灰石	锶重晶石、萤石、霓辉石	方解石、毒重石、黑云母、方铅矿、辉钼矿、黄铁矿、次闪石、钙铝榴石、绿泥石

四、矿体特征

大陆乡稀土矿区的矿体是依据样品化学基本分析结果，按照工业指标和地质规律圈定的地质体。它由较厚大的矿脉与大量平行细脉带或细网脉带组成的不规则脉状体。矿脉与其围岩界线清楚，但细脉带与无矿围岩呈渐变过渡关系，所以矿体与围岩没有明显的界线。全矿区圈定了大小矿体(脉)多个，其中的Ⅰ、Ⅲ号矿体为主要矿体，其余为零星矿体(脉)。Ⅰ、Ⅲ号矿体形态见图 3-7、图 3-8。

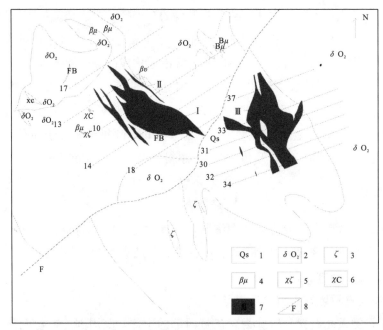

图 3-7　大陆乡稀土矿区Ⅰ、Ⅲ号矿体地质平面示意图

1-人工堆积　2-石英闪长岩　3-霓辉正长岩　4-辉绿岩　5-霓辉正长斑

6-方解石碳酸盐脉　7-稀土矿脉及编号　8-实测及推测断层

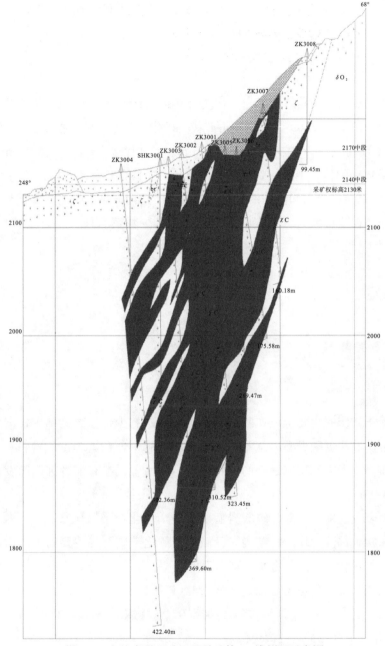

图 3-8 大陆乡稀土矿区Ⅲ号矿体 30 线剖面示意图

1. Ⅰ号矿体

Ⅰ号矿体直接围岩为正长岩，产于正长岩与石英闪长岩的接触带。受张扭性追踪裂隙控制，矿体局部产状变化较大，倾向约 36°，倾角约 75°，走向长度 450 m，出露宽度 80～180 m，厚 55～142 m，控制斜深 450 m。矿体平面形态呈不规则大透镜状。矿体中有较多矿化正长岩夹石，其长轴方向与矿体走向一致。

矿体由厚大的矿脉及两侧的细网脉带组成，碳酸盐化含霓辉石萤石锶重晶石型稀土矿石为大脉的核心，两侧的细脉带为细网脉正长岩型稀土矿石或少量细网脉石英闪长岩型稀土矿石。矿体 REO 平均品位 3.42%。

2. Ⅲ号矿体

Ⅲ号矿体主要围岩为霓辉正长岩，次为石英闪长岩，平面形态呈大的透镜状。矿体总体向南西倾，倾角 58°～63°，平均倾角产状与矿化带基本一致。控制长度 350 m，矿体南北两端均未完全控制。矿体东西宽 50～220 m。矿体厚度 68.27～238.15 m，平均厚度 129.65 m。矿体呈隐伏、半隐伏状，沿走向和倾向都具有复合膨大和分枝尖灭的特征。

矿体 REO 品位沿走向和倾向的变化都不大，沿走向向南东端略显降低趋势。高品位矿石一般都分布在萤石钡天青石碳酸岩型矿石中，少数萤石钡天青石型有高品位矿石。矿体 REO 平均品位 2.48%。

五、矿石特征

(一)矿石类型

1. 矿石自然类型

大陆乡稀土矿床的主要工业矿物为氟碳铈矿，次有少量氟碳钙铈矿，富集于霓辉石萤石锶重晶石矿脉和碳酸岩型矿脉及同类细网脉矿脉中，在霓辉正长岩和石英闪长岩中仅有少量分布，前者大都构成独立的矿石类型，后两者仅在有前者细网脉发育时才构成网脉-浸染状矿石。

一般在地表及浅部，大部分碳酸岩型矿脉呈全风化至半风化状态，为灰白色-灰紫色土状、粉末状，部分为块状，结构多已破坏。氧化带矿石的主要稀土矿物(氟碳铈矿)亦有不同程度的风化，在局部有次生富集现象。

矿石自然类型的划分主要是依据含矿岩脉(矿脉)类型、矿物组合，大陆乡稀土矿的矿石类型可划分为两个大类四个小类。各类型矿石矿物组合见表 3-22。

Ⅰ——霓辉石萤石锶重晶石稀土矿石

I_1——大脉状霓辉石萤石锶重晶石稀土矿石

I_2——细网脉状霓辉石萤石锶重晶石稀土矿石

Ⅱ——含萤石钡天青石稀土矿石

II_1——大脉状含萤石钡天青石稀土矿石

II_2——细网脉状含萤石钡天青石稀土矿石

Ⅰ号矿体的主体主要由 I_1 类型矿石构成，Ⅲ号矿体主要由 II_1 类型矿石构成 I_2 和 II_2 类型分布于矿体边部。

表 3-22　大陆乡稀土矿区含矿岩脉结构、构造及矿物成分表

矿石类型	主要结构	主要构造	稀土矿物		其他矿物	
			主要	次要	主要	次要
萤石钡天青石型稀土矿	自形、半自形、细晶、碎裂结构、粒状镶嵌结构	浸染状、斑杂状、多孔状、松散状构造，角砾状构造	氟碳铈矿	独居石、稀土榍石、褐帘石、磷灰石	方解石、重晶石、萤石、天青石	石英、长石、白云母、黑云母、褐铁矿、方铅矿、闪锌矿、菱锶矿
霓辉石萤石锶重晶石型稀土矿	自形、半自形、他形、碎裂结构	浸染状、斑杂状、多孔状、松散状构造	氟碳铈矿	独居石、稀土榍石、褐帘石、磷灰石	锶重晶石、萤石、霓辉石	方解石、毒重石、黑云母、方铅矿、辉钼矿、黄铁矿、次闪石、钙铝榴石、绿泥石

2. 矿石工业类型

本矿区组成工业矿石的稀土矿物除氟碳铈矿外，含有极少量氟碳钙铈矿和其他稀土矿物，但因其分布零星含量低，不影响矿石的选、冶工艺和技术经济指标。矿石工业类型为单一氟碳铈矿型。

（二）矿石结构

主要有自形晶结构、半自形－他形晶结构、嵌晶结构、伟晶结构、交代结构、碎裂结构以及风化残余结构。

1. 自形晶结构

氟碳铈矿为自形板状晶体与重晶石、萤石等矿物连生，自形六方短柱状或桶状的氟碳铈矿嵌布在重晶石、方解石和萤石粒间，亦有嵌生于锶重晶石、钡天青石、萤石当中。

2. 半自形－他形晶结构

氟碳铈矿呈半自形板状或半自形－他形晶的板柱状，粒状晶粒或柱粒状集合体，稀疏或星散不均匀分布于脉石矿物中。方铅矿呈半自形－他形晶星散状嵌布于脉石矿物中。

3. 嵌晶结构

半自形－他形晶的氟碳铈矿与锶重晶石、钡天青石、萤石相互叠生成连生体中嵌晶交生。此结构随晶体粒度变化而消失。

4. 伟晶状结构

氟碳铈矿、锶重晶石、方解石、萤石呈大于 5 mm 的半自形板状、粒状晶体。

5. 交代结构

方解石、毒重石充填于氟碳铈矿裂隙中并交代之。毒重石交代锶重晶石，菱锶矿交

代钡天青石，褐铁矿交代黄铁矿保留其假象。

6. 碎裂结构

氟碳铈矿、锶重晶石、钡天青石、萤石成矿后受应力作用碎裂，裂纹被方解石、毒重石充填胶结。

7. 风化残余结构

矿脉中重晶石强烈化学风化后，部分还保留原来晶形轮廓，但内部已被溶蚀掉，形成风化残余格架；霓辉石、钠铁闪石在强烈水化学作用下，还保留部分残晶或残留集合体；氟碳铈矿亦有部分在表生作用下风化呈蜂窝状或表面次生粉末状方铈石。

(三)矿石构造

1. 斑杂状构造

半自形－他形粒状、板柱状氟碳铈矿集合体与锶重晶石－钡天青石、萤石、霓辉石共生呈不规则状杂乱地不均匀地分布于矿石中，且团块多为碳酸盐矿物充填胶结。

2. 团块状构造

氟碳铈矿、萤石、重晶石或钡天青石、方铅矿等各自聚集成为大小不等的团块状集合体，稀疏不均匀分布于霓辉石、钠铁闪石、长石或方解石等脉石矿物中。

3. 角砾状构造

正长岩或石英闪长岩的破碎角砾被矿脉物质充填胶结。矿脉中的萤石、锶重晶石－钡天青石碎裂角砾被更晚期形成的方解石、毒重石充填胶结，其界线平直。

4. 似条带状构造

霓辉石、氟碳铈矿等分别聚集呈断续条带。其条带延伸方向与矿脉的产状基本一致。

5. 细脉－浸染状构造

氟碳铈矿分别与霓辉石、重晶石、萤石或方解石等矿物组成比较简单的细脉或交叉细网脉，充填于含有少量氟碳铈矿、氟碳钙铈矿呈浸染状分布的霓辉正长岩之裂隙中，构成细网脉－浸染状矿石。

6. 多孔－松散土状构造

霓辉石、锶重晶石－钡天青石、方解石等矿物风化淋滤后形成溶蚀空洞、网格状溶蚀空洞。矿体地表呈准喀斯特地貌景观。地表矿体中锶重晶石-钡天青石、霓辉石、方解石等由于强烈风化作用，形成松散的土状粉末。

(四)矿石矿物组合及矿化阶段

1. 矿物组合

据武汉大学杨光明等研究，德昌大陆乡稀土矿区矿物组成复杂，种属较多。矿石中稀土矿物以氟碳铈矿占绝对优势，其余稀土矿物，如硅钛铈矿、磷钇矿、氟碳钙铈矿和独居石数量极微，仅具矿物学意义。与氟碳铈矿共生的脉石矿物主要为方解石、菱锶矿、锶重晶石、天青石、萤石、石英和黏土类矿物，其次为云母类和长石类矿物，其他透明矿物含量均微。金属硫化物种类虽多，但较常见的为黄铁矿和方铅矿。矿区矿物种类见表 3-23。

表 3-23　大陆乡稀土矿区矿物种类一览表

矿物类型	矿物名称	种类数量
氧化物	石英、磁铁矿、赤铁矿、褐铁矿、贝塔石	5
硅酸盐	斜长石、钠长、正长石、条纹长石、微斜长石、绢云母、黑云母、白云母、霓辉石、透辉石、钠铁闪石、普通角闪石、绿泥石、绿帘石、高岭石、蒙脱石、榍石、锆石、钍石、硅钛铈矿	20
硫化物	方铅矿、黄铁矿、黄铜矿、辉铜矿、辉银矿、闪锌矿、兰辉铜矿、斑铜矿、辉钼矿	9
磷酸盐	磷灰石、独居石、磷钇矿	3
钼酸盐	钼铅矿	1
硫酸盐	锶重晶石、钡天青石、重晶石	3
碳酸盐	氟碳铈矿、方解石、毒重石、菱锶矿、白铅矿、白云石、文石	7
氟化物	萤石	1
合计		49

2. 矿化阶段

大陆乡矿区主要矿物形成温度，从高温到低温都有，以中低温为主，大致可归纳成以下四个矿化阶段：

(1)以硅酸盐矿物和氧化物为主的高中温成矿期：包括长石、石英、霓辉石、黑云母、磁铁矿、稀土榍石、褐帘石、独居石、磷灰石等，上述矿物主要以高温结晶为主，部分延至中温阶段。

(2)以碱土金属和稀土金属与 CO_3^{2-}、F^-、SO_4^{2-} 结合成矿为主的中温矿化阶段：晶出矿物有锶重晶石-钡天青石、萤石、方解石、氟碳铈矿等，它们的晶出开始于中高温，结束于低温，主结晶期为中温阶段。

(3)以有色金属及 Fe 与 S 结合成矿为主的中低温矿化阶段：形成的矿物有方铅矿、黄铁矿、黄铜矿、辉钼矿等硫化物，它们多分布在主矿物粒间，局部呈团块状，有的呈自形晶粒分布于岩矿石的裂隙面上。其结晶期晚于碱土金属矿物和稀土金属矿物。

（4）表生氧化分解置换淋积矿化阶段：本阶段形成的矿物有毒重石、菱锶矿、白铅矿、钼铅矿、褐铁矿、含稀土锰铁非晶质体、硅铝非晶质体等。锰铁和硅铝非晶质体为原有内生的铁镁矿物（霓辉石为主）经表面氧化分解置换而呈铁镁矿物的假象或经淋积充填于岩矿石的破碎裂隙中，分布较广，但很不均匀，其他表生矿物产出很少，未形成氧化次生富集带。稀土元素在锰铁非晶质体中显示表生氧化分馏作用，与原生矿石相比中重稀土配分有所提高，而轻稀土配分降低。

矿区矿物形成顺序见图 3-9。

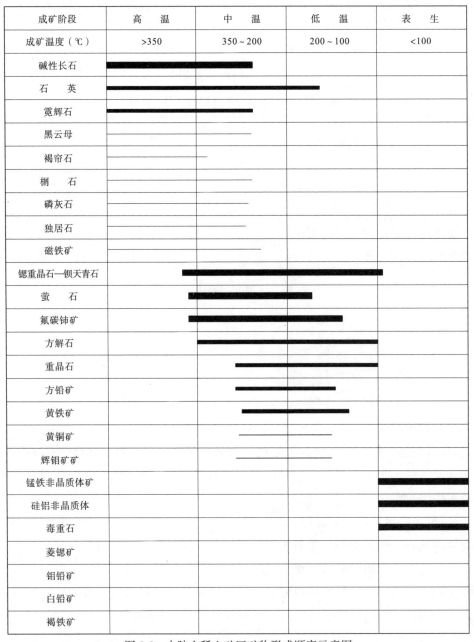

成矿阶段	高温	中温	低温	表生
成矿温度（℃）	>350	350~200	200~100	<100
碱性长石				
石英				
霓辉石				
黑云母				
褐帘石				
榍石				
磷灰石				
独居石				
磁铁矿				
锶重晶石—钡天青石				
萤石				
氟碳铈矿				
方解石				
重晶石				
方铅矿				
黄铁矿				
黄铜矿				
辉钼矿矿				
锰铁非晶质体矿				
硅铝非晶质体				
毒重石				
菱锶矿				
钼铅矿				
白铅矿				
褐铁矿				

图 3-9　大陆乡稀土矿区矿物形成顺序示意图

（五）矿石的化学成分其赋存状态

大陆乡稀土矿矿石化学成分见表3-24，常见组分因矿石类型有较大差异，有用化学组分主要为稀土元素，伴生 Sr、Ba、CaF$_2$ 等有益组分，其中 SrSO$_4$ 有品位达到独立矿床品位要求。

表 3-24　大陆乡稀土矿区主要矿石化学成分（Wt%）

	样品编号	DL01	DLⅢ
	矿石名称	萤石锶重晶石型稀土矿	萤石钡天青石型稀土矿
化学成分	REO	8.14	5.78
	SiO$_2$	5.52	20.44
	TiO$_2$	0.00	0.1
	Al$_2$O$_3$	0.73	6.19
	Fe$_2$O$_3$	1.18	3.24
	FeO	0.06	0.04
	MnO	0.197	0.406
	MgO	0.70	0.68
	CaO	30.44	22.15
	BaO	7.16	4.58
	SrO	14.52	15.58
	K$_2$O	0.13	1.57
	Na$_2$O	0.094	0.42
	P$_2$O$_5$	0.26	0.088
	Nb$_2$O$_5$	0.00	0.00
	F	19.00	8.91
	CO$_2$	4.19	1.39
	S	4.43	6.23
	ThO2	0.001	0.002
	U	0.1	0.008
	Pb	0.29	0.29
	Zn	0.04	0.05
	H$_2$O	1.46	1.89
	合计	99.332	99.254

1.　稀土氧化物

1）品位及稀土配分

不同类型的矿石，REO 的富集程度有一定的差异，从矿体中心部位的霓辉石萤石锶重晶石型稀土矿和萤石钡天青石稀土矿石向两侧的细网脉型稀土矿石，REO 品位由高逐渐降低；品位的高低与矿脉的厚度无明显的关系，但矿体边部细网脉型矿石与矿脉的频率有关，频率越高，品位相应增高。

从表 3-25 中可以看出，大陆乡稀土矿区不同矿石类型氟碳铈矿中 REO 的含量略有不同，萤石锶重晶石型稀土矿石明显高于萤石钡天青石型稀土矿石；萤石锶重晶石型稀土矿石的 $\sum$Ce$_2$O$_3$/$\sum$Y$_2$O$_3$ 为 222～350，也明显高于萤石钡天青石型稀土矿石的 152～153，说明萤石锶重晶石型稀土矿石中氟碳铈矿更富集轻稀土。

表 3-25　大陆乡稀土矿区主要矿石类型氟碳铈矿 REO 含量(%)配分(%)及特征值

矿石类型	霓辉萤石锶重晶石型										萤石钡天青石型			
	大矿脉						细网脉				大矿脉			
顺序号	1		2		3		4		5		6		7	
样品号	DL-01-3		DL-02-3		Da-02-1		ZK-1-11		ZK-1-22		DL-03-3		Da-01-1	
稀土元素氧化物及特征参数	含量	配分	含量	配分	含量	配分	含量	配分	含量	配分	含量	配分	含量	配分
La_2O_3	28.26	38.539	29.25	39.598	30.6	42.125	28.07	38.01	29.62	40.207	21.91	32.188	20.84	31.204
Ce_2O_3	34.73	47.428	34.6	46.841	33.04	45.484	34.94	47.313	34.13	46.329	33.7	49.508	33.04	49.471
Pr_6O_{11}	2.79	3.81	2.69	3.642	2.42	3.331	2.72	3.683	2.61	3.543	3.04	4.466	2.9	4.342
Nd_2O_3	6.59	8.999	6.58	8.908	5.92	8.15	7.19	9.736	6.52	8.85	8.2	12.046	8.71	13.041
Sm_2O_3	0.46	0.628	0.42	0.568	0.41	0.564	0.56	0.758	0.49	0.665	0.68	0.999	0.75	1.123
Eu_2O_3	0.069	0.094	0.053	0.072	0.044	0.061	0.067	0.091	0.054	0.073	0.097	0.143	0.11	0.165
Gd_2O_3	0.21	0.287	0.18	0.244	0.14	0.193	0.19	0.257	0.16	0.217	0.27	0.397	0.26	0.389
Tb_4O_7	0.018	0.025	0.016	0.021	0.012	0.017	0.017	0.023	0.014	0.019	0.026	0.038	0.023	0.035
Dy_2O_3	0.027	0.037	0.018	0.024	0.014	0.019	0.024	0.033	0.018	0.025	0.034	0.05	0.036	0.054
Ho_2O_3	0.006	0.008	0.011	0.015	0.003	0.004	0.006	0.008	0.005	0.007	0.015	0.022	0.008	0.012
Er_2O_3	0.012	0.017	0.0079	0.011	0.0064	0.009	0.0076	0.01	0.007	0.01	0.011	0.016	0.01	0.015
Tm_2O_3	0.001	0.001	0.0046	0.006	0.0008	0.001	0.0005	0.001	0.0009	0.001	0.0046	0.007	0.0012	0.002
Yb_2O_3	0.006	0.008	0.0006	0.001	0.0005	0.001	0.0008	0.001	0.0006	0.001	0.0009	0.001	0.0015	0.002
Lu_2O_3	0.001	0.001	0.0002	0	0.0002	0	0.0002	0	0.0002	0	0.0003	0	0.0003	0
Y_2O_3	0.047	0.064	0.036	0.049	0.03	0.041	0.056	0.076	0.039	0.053	0.081	0.119	0.097	0.145
REO	73.227		73.867		72.641		73.849		73.669		68.07		66.787	
$\sum Ce_2O_3$	72.899	99.552	73.593	99.629	72.434	99.715	73.547	99.591	73.424	99.667	67.627	99.35	66.35	99.346
$\sum Y_2O_3$	0.328	0.448	0.274	0.371	0.207	0.285	0.302	0.409	0.245	0.333	0.443	0.65	0.437	0.654
$\sum Ce_2O_3/\sum Y_2O_3$	222		268		350		244		300		153		152	

不管是萤石锶重晶石型稀土矿石还是萤石钡天青石型稀土矿石，与之对应的细网脉型稀土矿石，其氟碳铈矿中的 REO 含量和配分是相近的，没有明显的区别。

氟碳铈矿的稀土配分型式与霓辉正长岩和稀土矿石的稀土配分型式是一致的，均属 Ce>La>Nd 富ΣCe 的强选择配分型。

2）稀土元素的赋存状态

根据施泽民等人研究，矿石中 58.24％～71.07％的 REO 赋存于粒径大于 0.045 mm 的氟碳铈中；其次有 27.40％～36.33％赋存于褐黑色土状风化物中，其中有少部分赋存于锰铁非晶质胶体相中，多数赋存于粒度小于 0.045 mm 的氟碳铈矿中；另有少量赋存于其他矿物中，详见表 3-26。

表 3-26　大陆乡稀土矿区各类型矿石中 REO 的赋存状态表

矿体编号	样号	矿石类型	REO 赋存状态	REO 分配值(%)	REO 分配率(%)
Ⅰ	DL-01	霓辉萤石锶重晶石型 (REO7.476)	>0.045 mm 氟碳铈矿	5.441	71.07
			<0.045 mm 氟碳铈矿	1.842	24.06
			合计	7.283	95.13
			次生胶体相	0.256	3.34
			其他矿物	0.117	1.53
	DL-02	霓辉萤石锶重晶石型 (REO4.704)	>0.045 mm 氟碳铈矿	2.918	58.24
			<0.045 mm 氟碳铈矿	1.304	26.03
			合计	4.222	84.27
			次生胶体相	0.516	10.30
			其他矿物	0.272	5.43
Ⅲ	DL-03	萤石钡天青石型 (REO3.80)	>0.045 mm 氟碳铈矿	2.566	65.74
			<0.045 mm 氟碳铈矿	0.759	19.45
			合计	3.325	85.19
			次生胶体相	0.470	12.04
			其他矿物	0.108	2.77

2. 其他组分

Sr：大陆乡稀土矿区矿石中都含有大量的 Sr，在Ⅰ、Ⅲ号矿体中 $SrSO_4$ 品位分别达 34.25％、37.39％，主要呈锶重晶石、钡天青石产出，其次为菱锶矿，其余呈类质同象赋存于重晶石、氟碳铈矿、萤石、方解石等矿物中。

Ba：Ⅰ、Ⅲ号矿体中 $BaSO_4$ 品位分别为 10.94％、6.01％，主要呈重晶石、锶重晶石、钡天青石产出，次为毒重石，其余呈类质同象赋存于重晶石、氟碳铈矿、萤石、方解石等矿物中。

CaF$_2$(萤石)：主要产于Ⅰ、Ⅲ矿体大脉中。

(六)矿石风化及矿泥特征

1. 矿石风化

大陆乡稀土矿风化作用强烈，风化深度大于200 m，不论矿石矿物还是脉石矿物都遭受不同程度的风化淋滤以及元素的迁移作用。特别是霓辉石、黑云母、次闪石等铁镁暗色矿物大部分或全部风化成褐黑色疏松土状物，其稀土元素的赋存状态和配分关系也进行了重新调整。褐黑色疏松土状物占矿石的5%~7%，是矿区的次生富集体。

根据同类型的牦牛坪稀土矿床研究，这种呈暗褐色、黑色疏松粉末集合体是一种非晶质体，粒度1~10 μm，部分小于1 μm。非晶质体在成分上可分为Mn-Fe非晶质体和Si-Al非晶质体，以前者为主。土状风化物中的稀土主要赋存在Mn-Fe非晶质体中，为胶体相次生稀土。

2. 矿泥

矿泥是指选矿过程中粒径小于320目的泥级物质，它由矿石中自然风化物和由于磨矿产生的小于320目的矿物粉屑颗粒组成。大陆乡稀土矿区矿泥成分以各种矿物的粉屑颗粒为主，主要是重晶石、钡天青石、萤石、氟碳铈矿、方解石等，而由霓辉石等矿物全风化生成的褐黑色疏松土状矿相对较少。

根据清华大学池汝安博士对牦牛坪矿稀土矿矿泥的研究，矿泥中的胶体次生稀土在特定的条件下是可以完全浸取的，而氟碳铈矿是不能浸出的。四川省地质矿产勘查开发局109地质队王国祥根据池汝安博士实验条件进行实验，其实验结果如表3-27，结合表3-26，说明大陆乡稀土矿矿泥中胶体次生稀土的含量较低，绝大部分稀土赋存在氟碳铈矿中。

表3-27　大陆乡稀土矿区矿泥胶体相次生稀土浸取实验结果表

样品号	矿泥 REO(%)	浸出 REO(%)	浸出率(%)
DL-01	6.553	0.8	12.21
DL-02	6.246	1.77	28.36
DL-03	5.023	1.92	38.22

第三节　郑家梁子稀土矿简要特征

矿床位于冕宁县南河乡，为中型矿床。其所在的三、四级大地构造单元与前述冕宁牦牛坪矿和德昌大陆乡稀土不同，三级构造单元为盐源—丽江前陆逆冲-推覆带，四级构造单元为金河—箐河前缘逆冲带。

一、矿床特征

(一)地层

矿区主要出露二叠系地层,包括下统阳新组和上统峨眉山组。阳新组上部为灰、灰白色薄层状大理岩,中下部为厚层块状大理岩。峨眉山组主要为峨眉山玄武岩变质形成的绿泥石片岩和角砾状玄武岩,夹透镜状凝灰质大理岩捕房体。绿泥石片岩,灰绿色,鳞片变晶结构,片状构造,主要矿物为绿泥石、微粒石英、长石,副矿物为磁铁矿等。凝灰质大理岩,灰白色,主要矿物有方解石(60%~70%),正长石和斜长石(10%~30%)。

(二)构造

区内的控矿断裂主要为金河—箐河深大断裂北段——雅龙江断裂,该断裂走向北北东,倾向西,倾角45°~50°,为区内岩浆上升的通道。其次级断裂密集发育,走向北东,倾向北西,倾角59°~78°,长170~600 m,宽一般1~30 m,它们为矿体提供了成矿空间,控制了矿体的形态、产状及规模。

(三)岩浆岩

矿区内岩浆岩主要有英碱正长岩、变辉绿岩及少量角闪二长花岗岩。英碱正长岩为郑家梁子稀土矿成矿岩体,分布在矿区东南部,呈岩瘤、岩脉产出。岩石呈灰白色,细—中粒结构、交代残余结构,块状构造。岩石中主要矿物有正长石、钠长石和石英,次要矿物有霓辉石、黑云母、白云母、方解石、萤石等,副矿物有磁铁矿、磷灰石、黄铁矿、方铅矿、菱铁矿、闪锌矿等。其中正长石主要为条纹长石,其次为钠长石,少量微斜长石。

(四)围岩蚀变

围岩蚀变主要有霓石(霓辉石)化、方解石化、萤石化、重晶石化、钠长石化等。

霓石(霓辉石)化主要发育在英碱正长岩及二长花岗岩中,偶见变辉绿岩中,霓辉石、霓石在蚀变岩石中明显增多,呈浸染状分布。

方解石化、萤石化、重晶石化及钠长石化在各种围岩中都有发育,是与稀土矿化相伴生蚀变,蚀变矿物主要以浸染状、斑杂状赋存于矿脉边缘围岩中。

几种围岩蚀变可以单独出现,也可以组合出现,以方解石、萤石化最为普遍。

二、矿体特征

矿体成群产于燕山期角闪二长花岗岩的外接触带,形成长达1400 m左右的含矿带。

带内已圈定矿体 14 个，分别编号为①、②、③……号。其中⑤、⑦号为主矿体。矿体在平面上呈脉状、串珠状、雁列状排列，有尖灭侧现的现象。一般矿体走向长 95～500 m，厚 1～30 m 不等。

⑦号矿体。产于辉绿岩与大理岩的接触带。矿体呈脉状，倾向 309°、倾角 67°，矿体长约 500 m，延深大于 350 m，厚度 1.06～10.08 m，平均厚 2.96 m。

⑤号矿体。产于辉绿岩中，矿体呈透镜状，总体倾向 312°、平均倾角 69°，矿体长约 350 m，延深大于 350 m，平均厚度 7.12 m，最大厚度大于 30 m。

除⑤、⑦号两个矿体外，其他矿体都为脉状矿体，长 95～190 m，一般 150 m 左右，厚 1.37～5.7 m，平均品位 2.36%～3.15%。

三、矿石特征

矿区内稀土矿石的自然类型主要有碳酸岩型、萤石重晶石型两种类型。稀土矿物主要为氟碳铈矿。

四、有用组分

在郑家梁子稀土矿床所定的 14 个矿体中，⑦号矿体 REO 含量 2.25%～4.82%；⑤号矿体 REO 含量 3.08%～7.96%。除⑤、⑦号两个矿体外，其他矿体平均品位 2.36%～3.15%。同时矿床中伴生大量的萤石可综合利用。

第四节　牦牛坪式稀土矿成矿模式

一、成矿地质背景

牦牛坪式稀土矿分布于上扬子陆块西部边缘，攀西陆内裂谷带和盐源—丽江前陆逆冲－推覆带两个三级构造单元构造单元的接合部。在漫长的地质历史进程中，区内形成了以几条南北向主干断裂带及其配套的北北东和北北西向断裂网络。安宁河断裂带、金河—程海断裂带(北段为金河断裂)、南河—磨盘山断裂带和小金河断裂带等南北向断裂带都是岩石圈断裂，它们多期次活动并将深部的成岩成矿物质运送到地壳有利的构造场所成岩成矿。由此，区内岩浆活动十分强烈而频繁，深成侵入作用与火山活动并重，生成了种类繁多、系列齐全的各种各样火成岩以及与火成岩相关的矿产。

二、成矿地质条件

(一)控矿构造

牦牛坪式稀土矿分布于康滇基底逆推带和金河—箐河前缘逆冲带两紧邻的四级构造单元。这里既是一级构造单元(上扬子陆块和西藏—三江造山系)的接触部位,又是攀西陆内裂谷带和盐源—丽江前陆逆冲－推覆带两个三级构造单元的接触部位,为陆壳脆弱活动带,区内深大断裂发育。自西向东分别有小金河断裂、金河—程海断裂、南河—磨盘山断裂、安宁河断裂等。这些断裂都有一个共同的特征,其倾向北西或西,倾角 50°~75°。它们控制着本区岩浆岩的分布,同时也是本区岩浆上升的通道,矿床皆产于深大断裂的上盘(西盘或北西盘)(图 3-10)。深大断裂次一级的断裂控制着矿床的分布,牦牛坪、三岔河、包子村、马则壳、里庄羊房沟矿床(点)呈串珠状沿南河—磨盘山深大断裂的次级断裂——哈哈断裂分布,金河断裂的次级断裂控制着郑家梁子、碉楼山稀土矿床的分布。大陆乡矿床受磨盘山断裂的次级断裂普威断裂控制;矿体矿脉的产状、形态、规模则受更次一级的断裂、节理控制,矿体皆为脉状矿体。

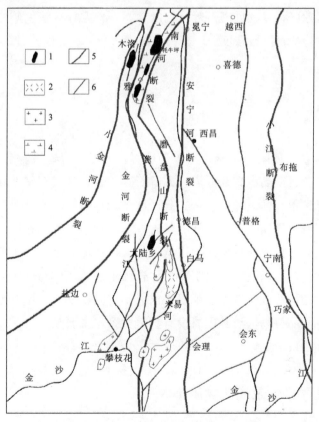

图 3-10　牦牛坪式稀土矿区域构造示意图

1-喜马拉雅期碱性杂岩　2-印支期正长岩　3-印支期碱性花岗岩
4-燕山期碱长花岗岩　5-深大断裂　6-断裂

（二）成矿岩体

成矿岩体为喜马拉雅期碱性岩－碳酸岩组合，包括霓石英碱正长岩、霓辉正长岩、云煌岩、辉绿岩、正长霓辉伟晶岩、重晶霓辉伟晶岩、萤石重晶霓辉伟晶岩、方解石碳酸岩、含霓石碱性花岗斑岩、含霓辉萤石锶重晶石岩脉、萤石钡天青石岩等岩性组合。其中，云煌岩、辉绿岩、正长霓辉伟晶岩、重晶霓辉伟晶岩、萤石重晶霓辉伟晶岩、方解石碳酸岩、含霓石碱性花岗斑岩、含霓辉萤石锶重晶石岩脉、萤石钡天青石岩等都是霓石英碱正长岩或霓辉正长岩浆分异的产物。

喜马拉雅期碱性岩－碳酸岩组合大约在安宁河断裂以西，金河断裂、磨盘山断裂以东，宽约 20 km，北起冕宁，南到德昌大陆乡的南北两端，长约 150 km 的范围内零星分布。岩体呈岩株、岩枝、岩脉状产出。

无论是冕西地区的霓石英碱正长岩还是大陆乡的霓辉正长岩，它们都具有极其相似的特征。主要矿物成分为碱性长石、少量斜长石和石英；次要矿物有霓石、霓辉石、重晶石、方解石、萤石等；副矿物以富含稀土矿物为特征，其他副矿物有：有黄铁矿、方铅矿、磁铁矿、磷灰石、榍石、钛石、锆石，以氟碳铈矿为主，并见有氟碳钙铈矿、硅钛铈矿、褐帘石、独居石以及贝塔石等，且以含霓石－霓辉石暗色矿物为特征。具有基本相同的化学成份特征，岩石酸度低、富钙和碱质，为二氧化硅弱过饱和、富钙、高铝、富钾钠的过碱性岩石。

三、含矿岩脉及矿体

含矿岩脉包括霓石英碱正长岩、霓辉正长岩、云煌岩、辉绿岩、正长霓辉伟晶岩、重晶霓辉伟晶岩、萤石重晶霓辉伟晶岩、方解石碳酸岩、含霓石碱性花岗斑岩、含霓辉萤石锶重晶石岩脉、萤石钡天青石岩等，其产状受构造裂隙控制，呈脉状、透镜状、树枝状。含矿岩脉与围岩界线清楚，岩脉的围岩在不同的矿区各不相同，牦牛坪矿区主要有碱长花岗岩和流纹岩，大陆乡矿区为石英闪长岩，郑家梁子矿区主要有角闪二长花岗岩、变辉绿岩和大理岩。以上特征说明牦牛坪式稀土矿的成矿与其围岩没有或很少有的交代作用，围岩中的构造破碎带或裂隙仅提供成矿空间，其岩矿脉的形成主要以充岩浆分异充填为主。矿石品位高低与其围岩没有直接关系，主要是由含矿岩脉的大小和含矿岩脉在围岩中的多少决定的。

四、成矿物理化学条件及成矿物质来源

牦牛坪式稀土矿在成矿物理化学条件及成矿物质来源的研究工作主要集中在牦牛坪稀土矿床和大陆乡稀土矿床。先后参与研究的有四川省地质矿产勘查开发局 109 地质队

施泽民、中国科学院广州地质新技术研究所牛贺才、中国地质科学院矿床所袁忠信、中国地质大学(武汉)杨光明、成都理工大学阳正熙等。

(一)成矿物理化学条件

通过对碱性基性伟晶岩型和方解石碳酸岩型矿石中的萤石、石英、方解石、氟碳铈矿等矿物研究,发现其包裹体有气-液、气-液-CO_2和流体-熔融(在牛贺才、袁忠信等的文献中称为气液-子晶相)、熔融及沸腾等五种类型,同一矿物中往往有几种包裹体,即气液与熔流、熔融包裹体共存于同一矿物,反映了稀土成矿始于岩浆-热液不混溶过渡流体,晚期进一步演化为热液流体,通过均一化测温结果表明,同一矿物中包裹体类型不同,均一温度差别较大,但主要在200~450℃±。经上覆地层(约5000 m)的静压力(1500Pa)校正,成矿温度为390~600℃。成矿末阶段生成的含霓石碱性花岗斑岩成矿温度为700~750℃。说明稀土成矿阶段主要是岩浆熔体向热液阶段演化的过渡期,成矿温度较高。

成矿流体富含Na、K及CO_2、Cl^-,总盐度在牦牛坪较高(16%~58% NaCl),个别样品高达70NaCl%;大陆乡稍低,(5.6%~17.7% NaCl)。表明成矿流体属Na-K-CO_2-SO_4-Cl型高盐度高挥发分流体。高盐度(28%~43%)包裹体都有子晶矿物产出。密度与盐度有关,中温(250℃)中低盐度(<14%NaCl)的流体密度为0.8~1.0 g/cm³,高温(380℃±30℃)高盐度(>14%~43% NaCl)流体密度为0.95~1.10 g/cm³。平均密度大约为1.0 g/cm³。根据均一温度和成分,按$NaCl^1$-H_2O-CO_2和$NaCl^1$-H_2O体系综合估计均一压力(近似捕获压力)为25~37MPa,成矿深度0.8~1.8 km,与地质估计上覆地层厚度(约1.5 km)相近,为浅成开放环境。可见,牦牛坪式稀土矿成矿流体是富含挥发分的高盐度物质,在较高温度和较低压力(可能是开放环境)的浅成条件下成矿。

(二)成矿物质来源

霓石英碱正长岩全岩中石英、方解石、氟碳铈矿、微斜长石、霓辉石等$\delta^{18}O$ 5.1‰~16.8‰,石英、方解石$\delta^{18}O$计算的$\delta^{18}OH_2O$变化范围分别为+3.9‰~-6.1‰,+7.22‰~-4.2‰,提示了成矿流体具有岩浆流体和大气降水两个端元;碳同位素$\delta^{13}C$ 6.3‰~10.6‰,碳主要来自富含CO_2的高温岩浆流体。硫同位素表明早期重晶石和天青石中硫($\delta^{34}S$为+2.5‰~+6.85‰)以岩浆来源为主;后期硫化物(黄铁矿、方铅矿、辉钼矿等)中的硫($\delta^{34}S$为-2.1‰~10.9‰),可能来源于地壳中富含^{32}S的沉积物或大气降水下渗循环的地下热水。

霓辉正长岩全岩$\delta^{34}S$为1.97‰,接近陨石硫或上地幔硫同位素组成,应视为幔源。铅同位素反映了矿化体系中的铅是下部地壳中某个储体派生的,该储体于283Ma左右形成，并基本脱离了 U−Pb 演化系统，没有进一步放射性成因的铅同位素积累。喜马拉雅期该储体产生的霓石英碱正长岩质岩浆和稀土成矿流体仍保留了其特征。锶同位素初始值(0.706~0.709)反映了成矿流体和其他成矿物质来自下部地壳或壳幔混熔源区，而上部地壳物质的混染微弱。

对大陆乡稀土矿石及氟碳铈矿的钕同位素研究表明，矿床^{134}Nd/^{144}Nd 为 0.512313~0.512297，与陨石(0.511836~0.5126387)相当，显示了稀土物质来自地幔源区的特点。

五、成矿时间

根据袁忠信、杨光明等的研究，牦牛坪稀土矿床成矿年龄为 12.2~40.3Ma，大陆乡稀土矿床的成矿年龄大约为 15.9Ma。牦牛坪式稀土矿的形成时代为古近纪—新近纪，岩浆期为喜马拉雅期。

六、成矿机制

1. 深部稀土源区对成岩成矿物质来源的控制作用

矿床微量元素及稳定同位素地球化学表明，矿床成矿物质来源具幔源性。但在近 150 km 的成矿带上，从南到北展布着大−小型单一氟碳铈矿矿床说明，存在一个深部地球化学场对深源岩浆物质的调控作用，是该区轻稀土氟碳铈矿富集成大规模矿床的必要物质条件。矿床的 C、O、S、Nd 同位素特征基本上反映了这种深部物质来源和富稀土幔源或深源源区的性质。

2. 特殊的控岩控矿构造体系对矿床的控制作用

牦牛坪式稀土矿分布在两种不同性质地块结合边缘，这里是地壳脆弱带。在深部构造作用下，富 REE 的异常地幔产生部分熔融作用，进一步萃取 REE 进入深源岩浆或进入虚脱部位而形成深部岩浆房，为以后成岩成矿作用具备了基本的岩浆条件。因此，本区深部构造既是成岩成矿的良好通道，也是深部壳幔物质活化和推动岩浆上侵的热动力来源，上侵岩浆在合适的表层构造体系形成矿床。

3. 碱性岩−碳酸岩是稀土成矿的母岩

碱性岩−碳酸岩岩体 REE 含量高，与矿床矿物有十分相似的配分模式，具有相似的微量元素丰度及配分型式，表明成岩成矿物质具有同源性和 REE 分馏的相似性。岩石全岩硫同位素组成为+1.97‰(CDT)，具幔源同位素特征，岩体形成与幔源岩浆有关，属于深源物质浅成定位的赋矿成矿岩体。

4. 成矿流体为岩浆－热液过渡流体

成矿作用具有岩浆和热液双重特征。矿床中氟碳铈矿等矿物气液包裹体均一温度大多在 $250\sim430℃$，表明成矿温度高，温度范围宽，同时发现了熔流包裹体，流体具有岩浆－热液不混溶过渡流体性质。

5. 活性流体对成矿作用的影响

矿床化学组分中存在丰富的 CO_2、SO_2、H_2O、和 F_2 等活性流体组分。它们对热液矿床的形成起着很重要的作用。矿床的 C、O、H、S 稳定同位素和 CO_2 包裹体同位素地球化学表明，这些元素同位素组分具有深源物质特征。活性流体不仅在岩浆演化晚期对稀土成矿起富集作用，很可能在深部岩浆就参与了对地壳物质的萃取和对岩浆中的成矿物质起络合作用，使 REE 等不相容成矿元素在岩浆演化过程中得以长期聚集，只有当成矿体系物理化学状态突然改变时才发生矿物质的沉淀作用。

6. 成矿流体的沸腾作用可能是稀土沉淀的主要机制

含矿岩浆在深部构造作用下上侵，当进入表层构造体系时，由于压力的下降，岩浆发生了相的分离，随之产生了熔体和液体的不混溶作用。随着不混溶流体上侵，因迅速减压而产生沸腾作用，在合适的裂隙构造以充填成矿作用方式为主，形成脉状矿体组成的稀土矿床，与碱性岩－碳酸岩相伴生产出。

7. 碱性岩－碳酸岩岩体产状及规模对矿床定位的影响

矿床定位受多种因素的控制，对牦牛坪式稀土矿而言，岩体规模小（岩株或岩枝），侵位浅，伴随的岩浆－热液流体进入表层构造裂隙时，压力迅速降低产生沸腾而发生分离，从而在岩体内部或接触带附近形成矿床。

综上所述，特殊的构造边缘，存在深部 REE 异常源区或"异常"地幔，具有活性流体的幔源碱性岩浆及其熔离演化的含矿岩浆－热液流体，通过良好的深部导矿构造与合适的壳层容矿构造体系，于同源碱性岩－碳酸岩或近岩体构造裂隙充填成脉状矿体。牦牛坪式稀土矿的成矿模式特征是：深源－浅成－岩浆热液矿床。成矿模式如图 3-11。

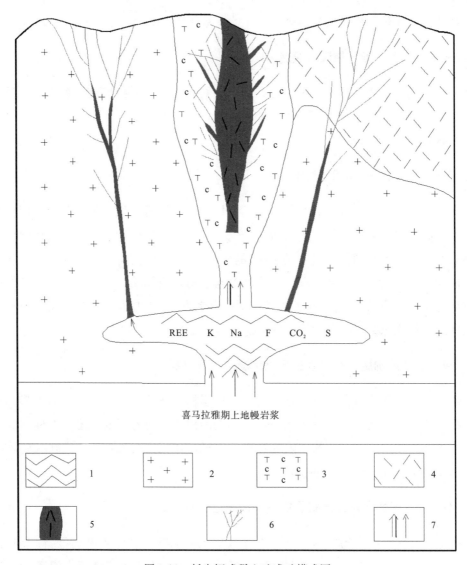

图 3-11　牦牛坪式稀土矿成矿模式图

1-岩浆熔融场　2-燕山期碱长花岗岩　3-喜马拉雅期碱性岩－碳酸岩系列
4-燕山期流纹岩　5-含稀土大脉　6-含稀土细脉　7-岩浆及矿液运移方向

七、找矿标志

(1)扬子地块西缘康滇轴部基底断隆带和金河—箐河前缘逆冲带结合部;

(2)喜马拉雅期霓石英碱正长岩分布区;

(3)重晶石化、碳酸岩化、萤石化、碱性辉石化形成的,岩体内脉状团块黑色粉状风化物是直接找矿标志;

(4)放射性异常、化探 [La(Ce)、Ba(Sr)、Th(U)、Pb(Zn)、F、S] 等元素综合异常、氟碳铈矿自然重砂异常是间接的找矿标志。

第四章　其他类型稀土

四川省牦牛坪式岩浆-热液型和离子吸附型稀土矿为独立稀土矿，但离子吸附型稀土矿工作程度较低，目前未发现工业矿床，皆为矿点。另外的砂矿型、沉积型、伟晶岩型和火山岩型等4种类型的稀土矿均为其他矿产的伴生矿，其中德昌县茨达残坡积型锆石共(伴生)褐钇铌矿、会东县干沟火山岩型铌钽钇矿、米易县路枯伟晶岩型铌钽伴生轻稀土矿，什邡式沉积型磷矿伴生稀土矿的主矿种达小型以上规模。

第一节　什邡式沉积型磷矿伴生稀土矿

《稀土矿产地质勘查规范》(2002)和《矿产资源工业要求手册》(2010)均将 REO(0.05%~0.1%)作为离子吸附型轻稀土矿边界品位。据郭强等《四川省重要非金属矿产成矿规律磷、硫、芒硝、石墨、钾盐》(2016)及《四川省磷矿资源潜力评价成果报告》(2011)，四川省什邡式沉积型磷矿共有小型以上矿床21处，该类型的磷矿中伴生稀土元素以离子吸附形式赋存于磷矿层的黏土矿物中。

《四川省什邡市马槽滩磷矿区兰家坪矿段勘探地质报告》(1995)提供的兰家坪矿段磷块岩和硫磷铝锶矿两种矿石组合分析数据，以及高文正等编著的《四川省稀土资源及开发利用》(1999)叙述的王家坪磷矿的稀土含量，什邡式沉积型磷矿中伴生稀土元素达到综合评价要求。

该类型磷矿伴生稀土矿构造单元属上扬子陆块龙门后山基底逆推带，区域内褶皱、断裂发育。该带中段的大水闸推覆体主体构造呈复式背斜，称大水闸背斜。什邡式磷矿伴生稀土矿分布于大水闸背斜南东翼、北西翼及北东倾没端。

绵竹市马槽滩兰家坪矿段是这类磷矿伴生稀土矿床的典型代表，位于绵竹市金花镇北西11 km，什邡市区北西35 km处，接近绵竹、什邡交界的石亭江。

一、矿床特征

(一)地层

兰家坪矿段内石炭系地层缺失，与区域内地层格架略有差异，其全部地层序列由新至老叙述如下。

1. 第四系资阳组

第四系资阳组主要为残坡积和冲洪积层。

2. 三叠系须家河组

三叠系须家河组仅见下部部分层位，其岩性以灰、黑灰色中厚至厚层状粉砂岩、泥灰岩为主，间夹薄层钙质页岩。按较近的区调资料，须家河组底部已分出，为马鞍塘组（厚 20~40 m）。与下伏天井山组呈平行不整合接触。未见顶。

3. 三叠系天井山组

三叠系天井山组黑色中厚层状夹薄层微晶生物碎屑灰岩，间夹钙质页岩。厚度小于 15 m，与下伏雷口坡组为整合接触。

4. 三叠系雷口坡组

三叠系雷口坡组为浅灰色、灰色厚层至块状微晶白云岩。底部夹泥质白云岩；中部夹绿灰色钙质页岩。厚度小于 230 m。与下伏嘉陵江组为整合接触。

5. 三叠系飞仙关组与嘉陵江组

三叠系飞仙关组与嘉陵江组矿段内无明显划分标志，故将两组合并。

下部以紫红、绿灰色薄层、中厚层状含凝灰质粉砂岩、细砂岩、黏土岩互层为主，间夹浅灰色薄层状泥灰岩及白云质灰岩透镜体。上部以浅灰色薄至中厚层状泥灰岩、白云质灰岩为主，间夹凝灰质粉砂岩、细砂岩及黏土岩。厚度小于 270 m。与下伏吴家坪组为整合接触。

6. 二叠系吴家坪组

二叠系吴家坪组旧称长兴组，主要出露于矿段北部。

下部为深灰色薄层至厚层状微至细晶含生物碎屑灰岩，间夹黑色透镜状、结核状、瘤状及不连续条带状燧石及薄层石英长石粉砂岩和细砂岩。底部常见厚约 10 cm 的黑色、黄褐色黏土岩。中部为灰、深灰色厚层至块状微晶灰岩，含零星燧石团块及结核，间夹灰黑色页岩。上部为浅灰色薄层状微至细晶灰岩，局部为鲕状灰岩，偶夹钙质页岩。顶部为浅灰色块状微晶灰岩，局部含泥质。厚度 54.2~176.68 m，一般 80~120 m。与下伏龙潭组呈整合接触。

7. 二叠系龙潭组

二叠系龙潭组主要由猪肝色致密块状含铁高岭石黏土岩组成。上部时见透镜状菱铁矿、煤线或劣质薄煤层，常见灰色含铁质鲕状水铝石黏土岩，局部可见豆状铝土矿透镜体。厚 0.14～15 m，一般 4～6 m 与下伏阳新组呈平行不整合接触。

8. 二叠系阳新组

二叠系阳新组下部为灰、深灰色中厚层状至块状微至细晶生物碎屑灰岩夹 2～3 层燧石灰岩(单层厚 0.2～0.3 m)及鲕状灰岩。中下部为浅灰、灰色厚层至块状微晶生物碎屑灰岩。局部略显浅黄等色。缝合线构造发育。中上部为深灰、黑灰色中至厚层状微至细晶含生物碎屑灰岩间夹钙质页岩。中上部夹厚层至块状燧石灰岩。上部为浅灰、灰色厚层至块状微晶含生物碎屑灰岩，间夹浅灰色黏土岩薄层。局部含燧石团块及条带。含有孔虫化石。总厚度 67.53～309.85 m，一般厚 150～190 m。与下伏梁山组呈整合接触。

9. 二叠系梁山组

二叠系梁山组下部为灰黑色页片状碳质水云母黏土岩夹微晶含生物碎屑泥灰岩；上部为灰、深灰色中厚层状微晶含生物碎屑泥灰岩夹黏土岩。与下伏沙窝子组呈平行不整合接触。

10. 泥盆系沙窝子组

泥盆系沙窝子组上段(白云岩段)：地表仅出露于矿段南部，结合钻孔资料按颜色、结构构造及泥质含量，可分为四个岩性层(亚段)。厚度变化大，总厚 52.07～389.41 m，一般为 110～150 m。

d 层：以灰、浅灰色中厚层状微至细晶白云岩为主，夹浅灰色中厚层状隐晶至微晶硅质白云岩，上部夹中晶白云岩、内碎屑白云岩及泥质白云岩。岩石中常见黑色硅质及有机质线纹。厚度为 21.34～184.97 m，一般为 50～90 m。

c 层：为灰、浅灰、浅兰灰色薄至厚层状细晶白云岩，间夹浅兰灰色、灰白色薄层状、条带状或不规则状黏土岩及褐色泥质白云岩。局部夹硅质白云岩、内碎屑白云岩。该层以色杂见称，但与上、下分层均呈过渡关系，界线难以准确划定。厚度变化大，为 13.72～168.42 m，一般 30～50 m。

b 层：岩性以灰、深灰色厚层状微至细晶白云岩为主，夹浅灰色中厚层状中晶白云岩。下部常见内碎屑白云岩。层位较稳定，厚度变化较大，为 2.79～43.45 m，一般 15～30 m。

a 层：为含磷层直接顶板。岩性为灰、深灰色中至厚层状细至中晶白云岩，局部见生物碎屑，具缝合线构造。断口呈砂状，俗称"砂状白云岩"。其层位稳定，岩性、厚度变化小，是良好的见矿标志层。与下伏含磷层界线清晰。含腕足类化石。厚 0.50～8.11 m，一般 1～3 m。

下段(含磷段)：由磷块岩、硫磷铝锶矿、含磷黏土岩及含磷碳质水云母黏土岩组成。厚度 0.02～36.78 m，一般 6～10 m。与下伏灯影组呈嵌入式平行不整合接触。

11. 震旦系灯影组

震旦系灯影组隐伏于背斜核部。钻孔揭示为灰白、浅灰色中厚层至块状隐晶藻白云岩、凝块状白云岩，局部见内碎屑白云岩。具"花斑"构造，俗称"花斑状"白云岩。偶见星点状黄铁矿及黑色硅质线纹。顶部时有黑灰色磷块岩或含磷黏土岩充填，顶界岩溶侵蚀面凹凸不平，厚度大于 200 m。

（二）构造

兰家坪矿段位于大水闸复式背斜南东翼，矿段内已发现断裂 27 条，其中纵断层 19 条，横断层 3 条，小断层 5 条。对矿层有不同破坏程度的断层有 9 条。断层多发育于矿段南部倒转背斜的反翼和中部倒转背斜的正翼，如图 4-1。

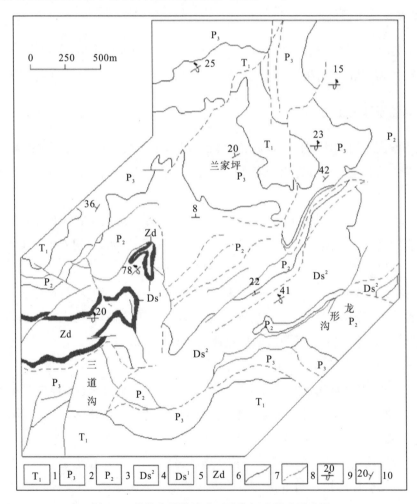

图 4-1　绵竹市马槽滩矿区兰家坪矿段地质略图

1-下三叠统　2-上二叠统　3-中二叠统　4-上泥盆沙窝子组上段　5-上泥盆统沙窝子组下段(含磷段)
6-上震旦统灯影组　7-地层界线　8-实(推)测断层　9-倒转地层产状　10-正常地层产状
据郭强等《四川省重要非金属矿产成矿规律（磷、硫、芒硝、石墨、钾盐)》(2016)

(三)含矿地层特征

兰家坪矿段含矿地层为上泥盆统沙窝子组下段，未见矿体露头，含磷地层从邻区矿段向东延入本矿段后，由于断层切割下降而深埋地下。含磷地层作为兰家坪倒转背斜的包络面，其形态、产状严格受其制约，并随其变化，与上下围岩同步。含磷层在矿段内沿走向延长 1600 m 以上，整体呈北东东向展布。正翼倾向延伸 600～1400 m，总体倾向北西，倾角 15°～30°，局部大于 40°，东部由于次级"鼻状"隆起，两侧拗陷，致使形态复杂化，东西两侧倾向分别向正东和正西，倾角最大达 73°，反翼倾向控制深度 440～610 m。倾向北西，倾角 30°～40°，东部局部大于 55°。

二、矿层特征

矿体形态受兰坪倒转背斜控制，其形态与含地层相同，形成正反两层隐伏矿，两层矿均有一定规模。矿床中含磷段厚 0.02～36.78 m，平均 8.2 m。磷块岩位于含磷段底部，层位稳定，呈层状－似层状产出，厚度受底板古岩溶侵蚀面起伏控制，变化较大，局部薄化尖灭。磷块岩常与硫磷铝锶矿或磷黏土岩渐变过渡而形成磷块岩的过渡类型。硫磷铝锶矿位于含磷段中上部，一般赋存在磷块岩之上，时呈夹石出现在磷块岩或含磷黏土岩之中，层位较固定，呈似层状－透镜状产出，常与含磷黏土岩过渡形成黏土质硫磷铝锶矿。

三、矿石特征

矿石自然类型有磷块岩类和硫磷铝锶矿类两大类。

磷块岩类包括：角砾状磷块岩、致密块状磷块岩、硫磷铝锶矿磷块岩、黏土质磷块岩、硅质磷块岩。

硫磷铝锶矿类包括：硫磷铝锶矿、磷灰石硫磷铝锶矿、黏土质硫磷铝锶矿。

四、稀土元素赋存特征

《四川省什邡市马槽滩磷矿区兰家坪矿段勘探地质报告》(1995)提供的兰家坪矿段磷块岩和硫磷铝锶矿两种矿石组合分析数据，磷块岩 REO 含量为 0.02%～0.15%，平均 0.06%，变化系数 40.98%，属含量不均匀的组分；硫磷铝锶矿 REO 含量为 0.13%～0.29%，平均 0.19%，变化系数 19.26%，属含量均匀的组分。矿石中，稀土元素以离子吸附形式赋存于黏土矿物中。

另据吴运富等研究，什邡式磷矿另一矿床——王家坪磷矿床磷块岩矿石中 REO 含量为 0.03%～0.08%，最高 0.436%，变化系数 277%，含量分布很不均匀。硫磷铝锶矿 REO 含量为 0.11%～0.486%，一般 0.17%～0.25%，平均 0.215%，变化系数 44.9%，其中轻稀土占 53.49%，重稀土占 46.51%，二者约各占一半。

五、矿床成矿模式

兰家坪磷矿所在大地构造单元属上扬子陆块龙门山前陆逆冲带龙门后山基底推覆带。龙门后山基底推覆带，由多个古老火山-沉积岩、岩浆杂岩推覆体组成，形成叠瓦状岩片，由西向东推覆。震旦纪至早古生代上扬子地区为被动大陆边缘。

兰家坪磷块岩及硫磷铝锶矿形成于扬子克拉通边缘、陆棚碳酸盐岩盆地。

赋矿地层为上泥盆统沙窝子组。含磷段岩性主要为磷块岩-硫磷铝锶矿-黏土岩组合，局部出现有硅质岩，底部有一显著的风化侵蚀面。磷块岩成矿作用主要发生在沉积间断的风化剥蚀期，磷块岩及硫磷铝锶矿最终保存于晚泥盆世。

矿床成因：龙门山古陆中段大宝山半岛在早寒武世后沉积间断的风化剥蚀期，经风化淋滤形成绕半岛环形分布的什邡式磷矿底部陆相砾屑磷块岩层，沉积相属较特殊的大陆沉积区残积相。在岩溶洼地中由于磷酸盐溶液迁移、交代和富集，形成泥晶（胶）磷块岩赋存于砾屑磷块岩层中。在晚泥盆世，海水侵进，大宝山半岛转入陆源碎屑滨海潟湖盆地环境（大水闸滨海潟湖），由于水动力微弱，水介质为弱酸性至弱碱性还原环境，形成黏土质磷块岩、微层状磷块岩和含磷灰石角砾的硫磷铝锶矿。新的沉积环境主要带来磷酸盐、铁铝氧化物、锶和硅的胶体溶液，同时海水提供成矿元素，导致以化学沉积为主的沉积作用，并对大陆成矿阶段形成的角砾状磷块岩叠加改造。产生两种效应，叠加磷质为主则发生矿体富化的正效应，进一步提高磷块岩矿石质量；叠加二氧化硅溶液的交代作用，则发生磷块岩矿石贫化的负效应，形成硅化磷块岩或含磷硅质岩。含磷段沉积后，本区受海侵超覆沉积含磷段的盖层白云岩，使磷矿层得以保存。

控矿条件：矿床受沉积地层控制，含矿岩系为上泥盆统沙窝子组，磷矿成矿时代为晚泥盆世。磷块岩与硫磷铝锶矿形成的岩相古地理条件为龙门山古陆的岩溶洼地与随后的大水闸滨海潟湖盆地，为龙门山边缘拗陷中段。磷矿形成的古构造条件为扬子克拉通边缘、陆棚碳酸盐岩盆地。

找矿标志：直接标志为磷矿（磷块岩、硫磷铝锶矿）矿体露头；含矿岩石地层为沙窝子组，下伏灯影组白云岩之上且有一显著的古风化侵蚀面；磷块岩具有的天然放射性。

第二节 伟 晶 岩 型

该类型仅有米易县路枯铌钽伴生稀土矿。构造单元属上扬子古陆块康滇轴部基底断隆带，形成于印支期，含矿岩脉主要为碱性正长岩、碱性正长伟晶岩、（碱性）钠长岩、碱性花岗伟晶岩及正长（混染）岩及花岗伟晶岩；主要矿脉类型是碱性正长伟晶岩和碱性钠长岩，矿石中主要矿物为烧绿石、锆英石，其次为铌锰矿、褐钇铌矿。主要脉石矿物为微斜长石、条纹长石、钠长石及少量石英、霓石、霓辉石、钠铁闪石等。

一、矿床特征

米易县路枯铌钽伴生稀土矿位于康滇轴部基底断隆带中段，矿区附近有南北向深大断裂通过（图4-2）。在南北长16 km，东西宽6~7 km的整个红格含铁基性−超基性岩体中均有含稀土铌钽碱性岩脉产出。路枯矿区位于红格含铁岩体南端，包括南北两个矿段。主要矿脉分布于南矿段。

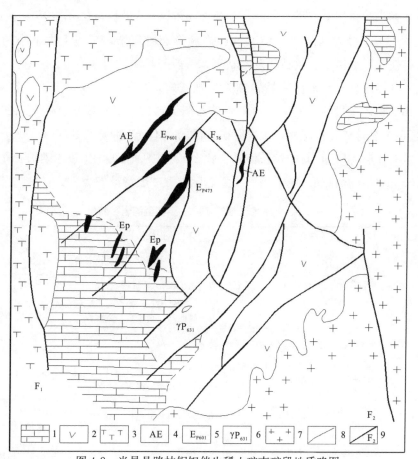

图 4-2　米易县路枯铌钽伴生稀土矿南矿段地质略图

1-震旦系灰岩　2-含铁基性超基性岩　3-正长岩　4-钠闪正长岩　5-正长伟晶岩脉及编号
6-碱性花岗伟晶岩脉及编号　7-花岗岩　8-地质界线　9-断层及编号
据《四川省区域矿产总结》第5册《稀有金属》

矿区出露震旦系上统灯影组碎屑岩、碳酸盐岩，分布零星，经接触变质而成片岩、角岩、大理岩等，厚度大于210 m。部分地段有古近昔格达组和第四系。海西期含铁基性−超基性岩体广泛侵入，是含稀土稀有矿脉的主要围岩。另有玄武岩、辉绿岩脉及印支期花岗岩出现，与成矿无直接关系。矿区构造以南北向或北东向断裂为主，对岩浆活动和矿脉产出有明显的控制作用。

二、含矿岩脉特征

含矿岩脉主要分布于碱性正长岩墙外接触带的辉长岩中，顶部相带较密集，内部急剧减少，西距正长岩体 0.5~2 km，大多成群成带产出。全区具一定规模的岩脉一百多条，按矿物含量及粒度分为碱性正长岩、碱性正长伟晶岩、（碱性）钠长岩及碱性花岗伟晶岩及正长（混染）岩等 5 个大类及 19 个亚类。距正长岩墙由近至远，岩脉类型略成带状分布。即由北西向南东矿物粒度变粗，碱性程度增强，钠长石化增加，稀土铌、钽矿化程度由弱到强，脉体规模变小。岩脉一般长 20~200 m，最长 800 m，厚 0.5~5 m，最厚60 m，延深不大，最大延深 200~300 m。岩脉形态较复杂，多呈上大下小的不规则脉状，其次有楔状、透镜状、树枝状及网状等，一般产状陡，西倾为主。

主要矿脉类型是碱性正长伟晶岩和碱性钠长岩，矿石类型属烧绿石、锆英石组合；碱性花岗伟晶岩矿化最好，但分布有限，矿石属铌锰矿、褐钇铌矿、锆英石组合；正长（混染）岩多为表外矿石；碱性正长岩脉矿化微弱，不具工业意义。

全矿区有矿脉 42 条，其中正长伟晶岩脉 19 条，钠长岩脉 12 条，钠长石化正长伟晶岩脉 10 条，碱性花岗伟晶岩脉 1 条。主要矿脉类型一般特征如表 4-1。

表 4-1　路枯稀土铌钽矿脉主要类型的岩矿特征

岩（矿）脉类型			碱性花岗伟晶岩	正长伟晶岩	钠长岩
岩（矿）脉内部构造			细粒边缘带、文象带、长石石英块体带，石英核心带	边缘带、中间带、浅色核心带	边缘暗色带、内部带
矿物成分	造岩矿物	主要	石英、微斜微纹长石、微纹长石	微斜微纹长石、微纹长石	钠长石
		次要	霓石、钠铁闪石、绿帘石、钠长石	霓石、钠铁闪石、钠更长石、绿帘石、碳酸盐、钠长石、霓辉石	微斜长石、霓石、钠铁闪石
	稀有矿物	主要	褐钇铌矿、锆英石、铌锰矿	烧绿石、锆英石	烧绿石、锆英石、褐帘石、稀土榍石
		次要	铌钽铁矿、星叶石、铌钽矿、独居石、透锂辉石、钍石、褐帘石、烧绿石	独居石、钍石、稀土榍石、铈磷灰石、硅钛铈矿、褐帘石、褐钇铌矿	硅钛铈矿、钍石、星叶石、铈磷灰石
结构			伟晶结构、文象结构、交代结构	他形至半自形晶结构	细粒镶嵌结构、交代残余结构和筛状结构
构造			块状构造	块状构造	块状构造、局部有平行流线构造
蚀变及交代作用			霓石化、钠长石化	霓石化、钠长石化、碳酸盐化、萤石化	霓石化、钠长石化、碳酸盐化
矿脉实例			651	601	401
稀有稀土元素一般含量（%）			Nb_2O_5：0.128~0.274 Ta_2O_5：0.017~0.011 $Zr(Hf)O_2$ 0.166~0.508 REO：0.045~0.271	Nb_2O_5：0.072~0.086 Ta_2O_5：0.004~0.008 $Zr(Hf)O_2$：0.185~0.384 REO：0.011~0.030 U=0.0029	Nb_2O_5：0.104~0.166 Ta_2O_5：0.010~0.015 $Zr(Hf)O_2$：0.650 REO：0.087~0.57

据《四川省区域矿产总结》第 5 册稀有金属

三、矿石特征

矿脉主要类型的岩矿特征见表矿石中主要脉石矿物为微斜长石、条纹长石、钠长石及少量石英、霓石、钠铁闪石等。稀有矿物计有 16 种，以烧绿石（15～1225g/t）、锆英石（2727～4631g/t）为主，其次有褐帘石（230～1371g/t）、硅钛铈矿（297～1433g/t）、稀土榍石（0～39380g/t）、铈磷灰石（114～1400g/t）、铌钽铁矿、铌钙矿、铈硅矿、磷钇矿、磷钍钙矿等。碱性花岗伟晶岩含褐钇铌矿、铌锰矿、独居石、星叶石、钍石等相对较高。矿石中主要有益组分为铌、锆、稀土，次要组分有钽、铪、铀、钍等，不同岩脉类型中含量有所不同，一般含量如表 4-2。

表 4-2　路枯矿石中主要有益组分含量（%）

矿脉类型	(Nb、Ta)$_2$O$_5$	ZrO$_2$	REO	U	ThO$_2$
正长伟晶岩	0.0996	0.553	0.2626	0.029	0.0010
钠长石化正长伟晶岩	0.120	0.69	0.260		
钠长岩	0.1465	0.785	0.140		0.0054
碱性花岗伟晶岩	0.2715	0.85	0.508	0.0051	0.008

据《四川省区域矿产总结》第 5 册稀有金属

四、有用组分赋存状态

铌、钽及稀土主要在烧绿石中，该矿物多呈八面体，少量半自形，粒度 0.05～0.3 mm，最大 2.5 mm，含 Nb$_2$O$_5$　38.76％～47.11％，Ta$_2$O$_5$　0.78％～3.66％、REO4.68％～13.16％，为轻稀土富集型，属富铈、铀的新变种。此外，稀土主要在硅钛铈矿、褐帘石、烧绿石及稀土榍石等矿物中，配分特点属富铈族的强选择配分型，以镧、铈、钕占优势，铈为最高峰；锆、铪主要在锆英石中，矿物为正方双锥与柱体之聚形，柱体不发育，粒径 0.3～3 mm，最大 5 mm，含 ZrO$_2$59.34％～63.65％、HfO$_2$0.54％～1.14％；铀矿主要在烧绿石中；钍主要在钍石中。

第三节　第四系砂矿型

该类型仅有德昌茨达锆石共（伴）生褐钇铌矿床和会理绿湾重稀土矿点两处矿产地，大地构造位置皆位于康滇轴部基底断隆带中段。

一、矿床特征

德昌县茨达锆石共（伴）生褐钇铌矿为小型规模。区内出露的地层除第四系外主要为前震旦系各类千枚岩、板岩、片岩。出露的岩浆岩有海西期辉绿辉长岩、印支期碱性花岗岩，反映出该区岩浆侵入活动强烈。

茨达碱性花岗岩呈南北向椭圆形岩株产出，略成南西倾伏，面积约 $2.1 \ km^2$，与前震旦系变质岩和海西期辉绿辉长岩呈侵入接触，侵入较浅，中浅剥蚀程度。

岩体富硅、碱，贫钙、镁、铝，钾大于钠，按矿物成分及结构构造可分为边缘相、过渡相和顶部相三个相带，各相带无明显界线，过渡渐变。

过渡相产于岩株东南侧，分布面积最大，为中粒钠铁闪石花岗岩，是本区稀土砂矿的成矿母岩。主要矿物为：条纹长石（65%）、石英（27%）、钠长石（<3%）、钠铁闪石（4.5%）、霓石（1%）等；副矿物中锆石、褐钇铌矿和钛磁铁矿较高，另有微量硅钛铈矿、褐帘石、磷钇矿、榍石、独居石、烧绿石、黑稀金矿和钍石等。其平均化学成分：SiO_2（74.58%）、TiO（0.19%）、Al_2O_3（12.2%）、Fe_2O_3（1.01%）、MnO（0.05%）、MgO（0.14%）、CaO（0.34%）Na_2O（3.32%）、K_2O（4.84%）、Nb_2O_5（0.01%～0.0265%）、Ta_2O_5（0.001%～0.0025%）、ZrO_2（0.07%～0.16%）、REO（0.04%～0.062%）。

该岩体西高东低，东侧发育第四系，砂矿即产于其中，图 4-3。

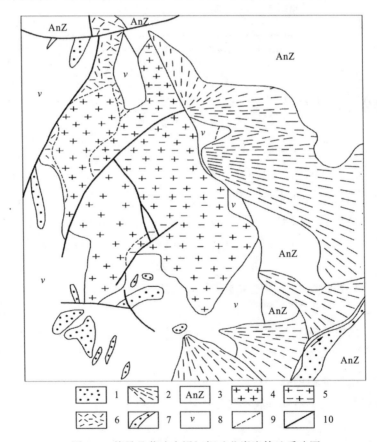

图 4-3 德昌县茨达含褐钇铌矿花岗岩体地质略图

1-第四系冲积物 2-第四系坡、洪积扇（主要砂矿层） 3-前震旦系变质岩 4-钠铁闪石霓石花岗岩
5-钠铁闪石花岗岩 6-角闪花岗岩、正长岩 7-中酸性岩脉 8-辉绿辉长岩 9-相带线 10-断层
据《四川省区域矿产总结》第 5 册《稀有金属》

二、矿体特征

砂矿体呈透镜状、似层状，大部直接出露于地表，产状平缓，露采条件良好。全区共有矿体五个，分两种成因类型，分别为坡洪积型和残坡积型。Ⅱ-Ⅴ号矿体属坡洪积型，部分夹有少量冲积物。Ⅲ号矿体规模最大，约占全区总资源量的 60%，矿体长 890 m，宽 90~700 m，厚 1~36.06 m，平均 12.93 m。Ⅰ号矿体属残坡积型，面积 43.12 万 m^2，厚 0.55~17 m，平均 4.89 m。

三、矿石特征

矿石主要为花岗岩风化剥蚀产物，由黏土、砂及碎石组成。成层性及分选性较差，碎石含量 20%~30%。矿石品位受原岩含矿性、地形、地貌和风化剥蚀条件控制，以中粒钠闪石花岗岩风化壳和洪积扇前缘含矿最好，一般砂土中富，黏土中贫，碎石率愈高含矿愈贫。全矿区平均品位：褐钇铌矿 110.97 g/m^3，锆石 867.90 g/m^3。

四、矿石矿物及有用组分

矿石矿物主要为褐钇铌矿和锆石。

褐钇铌矿多呈褐黄－棕黑色不规则柱状、桶状、板条状、碎片状晶体产出，粒度 0.05~1 mm，最大 2.5 mm。常与钠闪石等暗色矿物共生。褐钇铌矿化学组成为：Nb_2O_5（40%~47%）、Ta_2O_5（0.85%~4.79%）、REO（37.59%~41.8%）、U（0.8%）、ThO_2（1.3%~2.39%）、ZrO_2（1.47%）、TiO（1.5%）、CaO（0.62%）、MgO（0.05%）、FeO（0.07%）、Fe_2O_3（2.74%）、SiO_2（4.95%）、Al_2O_3（3.2%）、P_2O_5（0.087%）、H_2O（1.57%），稀土总量中以重稀土为主，约占 88.66%，钇占绝对优势。

锆石颜色多种，以浅红透明正方短柱与双锥聚形自形晶体最多，粒度 0.04~2 mm。含 ZrO_2（45.8%~51.11%）、HfO_2（0.8%~1.89%）。

砂矿尚无可选样成果。但数千件重砂样分选结果表明，用重－磁选工艺，可获锆石和褐钇铌精矿，纯度分别可达 96%、70% 左右，损失率小于 5%，可选性能良好。

第四节　火山岩型

该类型为铌钽伴生重稀土矿，仅发现会东干沟小型矿床 1 处。大地构造单元为康滇轴部基底断隆带中部。矿床位于新山向斜西段，干沟断层北侧。矿化与会理群力马河组下部浅变质火山有关。

一、含矿地层

矿区力马河组剖面为：

(4)灰绿-暗绿色变玄武质凝灰岩　　　　　　　　　　　　　　　　　　　　>300 m

(3)灰-浅绿灰色变玄武质凝灰岩、沉凝灰岩，夹千枚岩及酸性火山岩。基性火山碎屑岩常构成金红石矿层，酸性火山岩具稀有稀土矿化　　　　　　　　　　　354 m

(2)灰绿-灰白色变钾长流纹岩、流纹质凝灰岩，为稀有稀土矿化主要层位　　81 m

(1)灰-灰绿色变玄武质凝灰岩、沉凝灰岩夹千枚岩及结晶灰岩透镜体　　　273 m

—————————————————整合—————————————————

下伏：通安组，灰色条带状泥质结晶灰岩，白云岩。

区内各类火山岩经区域变质，全部具鳞片变晶结构，千枚状构造，成为绢云-绿泥千枚岩，但晶屑玻屑、气孔、似球粒等原生结构和构造在显微镜下仍清晰可见。

岩石中黄铁矿化、碳酸盐化及电气石化等热液蚀变现象极为发育。

二、矿体特征

矿区共五个矿体，呈似层状、透镜状(图 4-4)。Ⅰ号矿体规模最大，占矿区总储量95%。地表长 450 m，平均厚 57.5 m。矿体与围岩界线清晰，产状一致。顶板常为金红石矿层，底板多变玄武质凝灰岩。

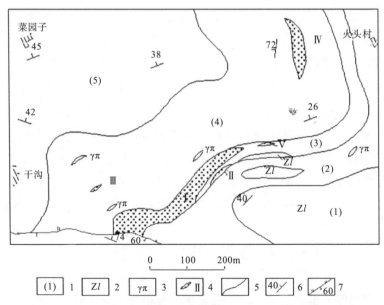

图 4-4　会东干沟铌钽伴生稀土矿区地质略图

1-岩层序号　2-结晶灰岩　3-花岗斑岩　4-矿体及编号　5-地质界线　6-岩层产状　7-断层及产状

(四川省地质局攀西地质大队区调一队)

三、矿石特征

矿石即矿化的变钾长流纹岩、流纹质凝灰岩。呈浅绿色-白色，具鳞片变晶及各种变余火山岩结构，千枚状变余流纹状、层纹状及块状构造。

稀有稀土矿物有铌钽铁矿、硅铈铌钡矿、烧绿石、氟碳钙铈矿、独居石等，易见少量锆石、细晶石、铌钇矿、褐钇铌矿、磷钇矿和钍石等。

脉石矿物主要为绢云母（30%～80%），次为石英（5%～35%）、白云母、铁白云石（3%～8%）、黄铁矿（1%～5%），微量金红石、隐晶帘石、细晶磷灰石、电气石等。

矿石全平均化学成分：SiO_2（68.35%）、Al_2O_3（14.73%）、TiO_2（0.32%）、Fe_2O_3（3.07%）、FeO（1.94%）、MgO（0.87%）、CaO（0.25%）、Na_2O（1.26%）、K_2O（2.98%）、P_2O_6（0.056%）、烧失量（3.35%）。

四、有用组分含量

以Ⅰ号矿体品位为例：Nb_2O_5（0.05%～0.323%），平均0.113%；Ta_2O_5（0.005%～0.015%）；ZrO_2（0.44%～0.90%），平均0.67%；REO（0.163%～0.41%），平均0.186%，以重稀土为主，其中Y_2O_3为0.043%～0.122%。

第五节　离子吸附型

该类型见于德昌阿月、会理半山田、德昌石马村、德昌麻地四处矿点，皆位于康滇基底断隆带中段安宁河深断裂带西侧，矿体赋存于含矿原岩风化残积形成的黏土质松散风化壳中。该类型工作程度较低，仅有踏勘检查结果。根据《四川省区域矿产总结》第5册《稀有金属》，介绍如下：

会理半山田矿点：即会理绿湾含钇易解石砂矿点的Ⅰ号矿体。含矿原岩为前震旦系河口组变质酸碱性火山岩、火山沉积岩。检查取样12件，8件达边界品位（《稀土矿产地质勘查规范》（2002），稀土矿床一般工业指标：重稀土0.05%，轻稀土0.07%），REO含量0.125%～0.196%，浸出相REO含量0.025%～0.094%，7号样浸出率58%。5件配分样成果显示，以轻稀土为主。

德昌麻地矿点：即茨达含褐钇铌矿矿床的Ⅰ号矿体。含矿原岩为印支期碱性花岗岩。REO含量0.06%～0.156%，浸出相REO含量0.04%～0.105%，2号样浸出率为67.3%，3件配分样成果显示（项目不全），轻重稀土共存，重稀土略高。

德昌阿月矿点：含矿原岩为印支期黑云母花岗岩。检查取样8件，5件达边界品位要求，REO 含量 0.061％～0.12％，浸出相 REO 含量 0.032％～0.079％，2 号样浸出率为 73.1％，多件配分样成果显示，轻重稀土共存，轻稀土略高。

德昌石马村矿点：含矿原岩为晋宁期摩挲营钾长花岗岩，部分地段与高岭土矿共生，检查取样 9 件，6 件达边界品位要求，REO 含量 0.079％～0.147％，浸出相 REO 含量 0.041％～0.085％，2 号样浸出率为 73.4％，从邻区 5 件配分样成果显示，以轻稀土为主。

从攀西地区和缅甸北部离子吸附型稀土矿的特征看，离子吸附型稀土矿特征为：矿（化）体赋存于由原岩稀土含量较高的侵入岩或火山岩风化形成的风化壳中，以有厚大的风化壳为利，厚大风化壳一般分布于低矮的山丘或平缓的山麓(图 4-5)，矿(化)形态受地形地貌控制，一般呈层状、似层状面形展布(图 4-6)。

图 4-5 缅甸某离子型稀土矿采场地貌

图 4-6 缅甸某离子型稀土原矿
注：浅色矿物主要为高岭土化的长石、少量石英，深色矿物为云母、霓石、霓辉石等风化矿物。

其成矿条件可总结为：一是原岩要有较高的稀土含量(物质基础)；二是气候条件较为湿热(降水丰富)；三是地形坡度较缓和地形切割深度较浅(有利于地表水的垂直渗透)，以低矮山丘，平缓的山麓较为有利；四是要有较为稳定的地质条件构造相对沉降区或稳定区(剥蚀速率小于风化速率，有利于形成较厚的风化壳)。即三低两高：低纬度、低海拔、低地形坡度、高地质背景、高化学风化程度。

第五章　四川省稀土矿成矿规律

第一节　大地构造单元与成矿

四川省稀土矿分布于上扬子陆块西部边缘，基本上沿丹巴—茂汶断裂和北北东向小金河断裂东侧一线分布。

伟晶岩型、第四系砂矿型、火山岩型和离子吸附型全分布于康滇轴部基底断隆带，牦牛坪式岩浆热液型分布于康滇轴部基底断隆带和金河—箐河前缘逆冲带，什邡式沉积型磷矿伴生稀土矿分布于后山基底逆推带基底逆推带。

第二节　大型变形构造与成矿

四川省内大型断裂构造众多，与稀土成矿和分布有关的主要茂汶深断裂带、小金河断裂带、北川—映秀断裂带、金河—箐河断裂带、南河—磨盘山断裂带、安宁河断裂带和小江断裂带。它们不仅控制着地层的分布，同时也是岩浆上升的通道，稀土矿常沿这些断裂带成群成带分布。

什邡式沉积型磷矿伴生稀土矿产于后山基底逆推带基底逆推带的大水闸复式背斜，牦牛坪式稀土矿分布于由小金河断裂带、金河—箐河断裂带、南河—磨盘山断裂带构成的断裂系统内，伟晶岩型、第四系砂矿型、火山岩型和离子吸附型稀土矿与南河—磨盘山断裂带和安宁河断裂带控制的岩浆岩密切相关。

第三节　地质建造与成矿

一、沉积建造与成矿

什邡式沉积型磷矿伴生稀土矿产于泥盆系沙窝子组下段，为磷块岩、硫磷铝锶矿、含磷黏土岩及含磷碳质水云母黏土岩建造。

二、火山岩建造与成矿

火山岩型铌钽伴生重稀土矿，矿化与会理群力马河组下部浅变质火山岩建造有关。该火山岩建造主要为变玄武质凝灰岩、沉凝灰岩，酸性火山岩、基性火山碎屑岩、变钾长流纹岩、流纹质凝灰岩组合。其中基性火山碎屑岩，酸性火山岩、钾长流纹岩、流纹质凝灰岩为稀有稀土矿化的主要建造。

离子吸附型会理半山田矿点与前震旦系河口组变质酸碱性火山岩、火山沉积岩有关。

三、侵入建造与成矿

牦牛坪式岩浆热液型稀土矿与碱性岩－碳酸岩建造有关，碱性岩－碳酸岩建造包括霓石英碱正长岩、霓辉正长岩、云煌岩、辉绿岩、正长霓辉伟晶岩、重晶霓辉伟晶岩、萤石重晶霓辉伟晶岩、方解石碳酸岩、含霓石碱性花岗斑岩、含霓辉萤石锶重晶石岩脉、萤石钡天青石岩等岩性组合。

伟晶岩型铌钽伴生稀土矿与碱性正长岩、碱性正长伟晶岩、（碱性）钠长岩、碱性花岗伟晶岩及正长（混染）岩及花岗伟晶岩有关。

离子吸附型德昌麻地矿点与印支期碱性花岗岩有关；德昌阿月矿点与印支期黑云母花岗岩有关；德昌石马村矿点与晋宁期摩挲营钾长花岗岩有关。

砂矿型德昌茨达锆石共（伴）生褐钇铌矿与印支期碱性花岗岩有关。

第四节　四川省稀土矿成矿时间

四川省稀土的成矿时期由老到新分别为：

火山岩型铌钽伴生重稀土矿形成于前南华纪；

什邡式沉积型磷矿伴生重稀土矿形成于泥盆纪；

伟晶岩型铌钽伴生稀土矿形成于三叠纪；

古近纪—新近纪是四川省稀土矿形成的最主要的时期，全省查明及已开发利用稀土资源均形成于这一时期；

离子吸附型及第四系砂矿型形成于第四纪。

第五节　四川省稀土矿成矿区带及成矿系列

四川省稀土矿成矿区划上归属全国统一划分的Ⅰ-4滨太平洋成矿域，Ⅱ-15扬子成矿省、Ⅱ-15-B上扬子成矿亚省。

　　Ⅲ级带为Ⅲ－73 龙门山—大巴山(台缘拗陷)Fe－Cu－Pb－Zn－Mn－V－P－S重晶石－铝土矿成矿带和Ⅲ－76 康滇地轴 Fe－Cu－V－Ti－Ni－Sn－Pb－Zn－Au 成矿带。其中有3个Ⅳ级带有稀土，分别是：Ⅳ－25 安县—都江堰 Cu－Zn－P－蛇纹石－花岗岩成矿带、Ⅳ－36 石棉—冕宁 Au－Cu－稀土成矿带和Ⅳ－37 冕宁—攀枝花 Fe－V－Ti－Cu－Ni－Pt－Pb－Zn－稀土－成矿带。在此基础上，进一步划分了5个Ⅴ级成矿区(表 5-1)，其中有 4 个成矿区为牦牛坪式稀土矿成矿区(图 5-1)。

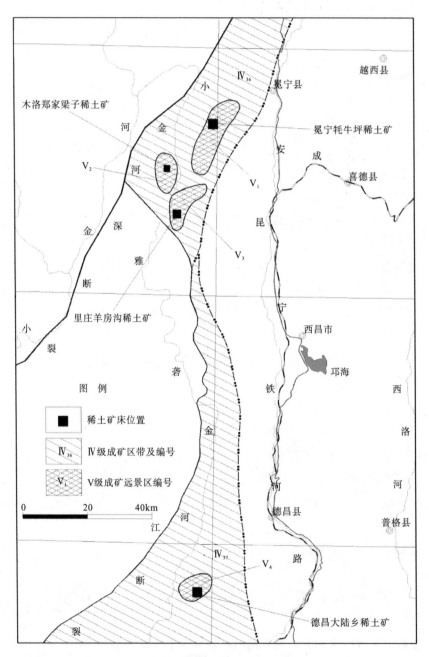

图 5-1　牦牛坪式稀土Ⅴ级成矿区分布示意图

表 5-1　四川省稀土矿成矿区带划分表

Ⅲ级（成矿带）	Ⅲ级（成矿亚带）	Ⅳ级（成矿区带）	Ⅴ级（成矿区）
Ⅲ-73 龙门山—大巴山（台缘拗陷）Fe-Cu-Pb-Zn-Mn-V-P-S 重晶石-铝土矿成矿带		Ⅳ-25 安县—都江堰 Cu-Zn-P-蛇纹石-花岗岩成矿带	九顶山什邡式磷矿成矿区（伴生稀土）
Ⅲ-76 康滇地轴 Fe-Cu-V-Ti-Ni-Sn-Pb-Zn-Au 成矿带	Ⅲ-76-①攀西裂谷带 Fe-V-Ti-Pt-Cu-Ni-Pb-Zn-稀土-Au-Sn 成矿亚带	Ⅳ-36 石棉—冕宁 Au-Cu-稀土成矿带	Ⅴ1 冕宁牦牛坪稀土成矿区 Ⅴ2 冕宁木洛稀土成矿区 Ⅴ3 冕宁里庄稀土成矿区
		Ⅳ-37 冕宁—攀枝花 Fe-V-Ti-Cu-Ni-Pt-Pb-Zn-稀土-成矿带	Ⅴ4 德昌大陆乡稀土成矿区

根据《中国成矿体系与区域成矿评价》（陈毓川等著，2005）一书划分，四川牦牛坪式稀土矿归属于：

K2-16 西南三江与陆内造山过程-岩浆作用有关的成矿系列组。

K2-16-3 龙门山—锦屏山与中新世碱性岩-碳酸岩有关稀土成矿亚系列。

第六章 稀土资源预测评价

第一节 预测评价技术方法及流程

一、工作原则

充分应用已有的地质矿产调查、勘查、物、化、遥资料与科研成果，以成矿序列理论为指导，使用规范而有效的资源评价方法技术和各类基础数据为支撑。采取专家指导，产研相结合的工作方式，全面、准确、客观地评价四川省重要成矿区带内的矿产资源潜力，以及空间布局。

二、预测评价技术流程

在全省成矿地质构造及成矿规律研究的基础上，确定预测类型及预测方法类型，划分Ⅳ级成矿区带、Ⅴ级成矿远景区(预测区)，圈定预测工作区；结合物、化、遥、自然重砂等信息，圈定最小预测区，根据典型矿床研究，建立预测模型，确定预测变量；根据最小预测区与典型矿进行对比研究，确定各预测要素与典型矿床预测要素的关联性，确定最小预测区预测变量值，对最小预测区资源的定量预测评价，以实现全省矿产资源潜力评价。

第二节 资源潜力评价

一、预测工作区

四川省稀土矿资源潜力评价项目在总结四川省稀土矿成矿规律的基础上确定了一个预测工作区，即冕宁—德昌稀土矿预测工作区，预测工作区跨凉山州的冕宁、西昌和德昌三县东西宽约 20 km，南北长约 200 km，面积约 4000 km²；一个预测类型，即牦牛坪式稀土矿，其预测方法类型为侵入岩体型。

二、最小预测区

(一)最小预测区的圈定

最小预测区是根据矿产预测评价模型中矿床类型存在的必要条件进行圈定的。牦牛坪式稀土矿最小预测区圈定的条件是：

(1)在已有的Ⅳ成矿区带、Ⅴ成矿远景区的范围内；

(2)同一成矿构造(成矿断裂)；

(3)同一成矿岩体(喜马拉雅期碱性岩－碳酸岩岩性组合)；

(4)矿(化)点或其他找矿线索分布的一定范围；

(5)由物化探、遥感等推断的成矿远景。

这些条件可单独应用也可综合应用。

圈定方法为人机交互圈定。

牦牛坪式稀土矿预测区共圈定了 10 个最小预测区。分别是包子村、三岔河、马则壳、新火村、方家堡、里庄、大陆乡、牦牛坪、郑家梁子和碉楼山最小预测区。

(二)最小预测区的分类

主要是专家根据最小预测区的成矿地质条件，矿化信息、找矿标志，综合考虑化探、自然重砂信息进行分类，分为 A、B、C 三类最小预测区。分别是牦牛坪、郑家梁子、碉楼山、大陆乡 A 类最小预测区；包子村、三岔河、马则壳、方家堡、里庄 B 类最小预测区；新火村 C 类最小预测区。

A 类最小预测区，已经不同程度勘查的矿区，有较充分的地质资料依据，并探获有一定资源量，但仍有一定的资源潜力。

B 类最小预测区：已发现矿(化)体，工作程度相对较差，有一定的地质资料依据，预测有一定的资源潜力。

C 最小预测区类：已发现矿(化)体，或未发现矿(化)体，但有一定的地质资料依据。

三、预测资源量

四川省稀土资源潜力评价预测了牦牛坪式稀土矿 1000 m 以浅资源量 908.4 万吨，均可利用。按精度统计，其中 334－1 类别 159.3 万吨，334－3 类别 744.9 万吨，334－3 类别 4.2 万吨。

注：334－1，指具有工业价值的矿产地或已知矿床深部及外围的预测资源量，且最小预测区内具有工业价值的矿产地必须是地质调查已经提交 334 以上类别资源量的矿产

地，资料精度大于 1∶5 万；334－2，同时具备直接（包括含矿点、矿化点、重要找矿线索等）和间接找矿标志的最小预测单元内的预测资源量（间接找矿标志包括：物探、遥感等异常）。资料精度大于或等于 1∶5 万；334－3，只有间接找矿标志的最小预测单元内预测资源量。

另外在四川省磷矿资源潜力评价中根据磷块岩 REO 含量平均值 0.06%、硫磷铝锶矿 REO 含量平均值 0.19%，估算什邡式磷矿中伴生的稀土氧化物预测资源量约 2.1 万吨。可利用性有待进一步研究。

四、预测区

（一）预测区（成矿远景区）圈定成果

全省牦牛坪式稀土矿预测工作区圈定了 4 个预测区，既 V 级成矿远景区，分别是 V1冕宁牦牛坪、V2 冕宁木洛、V3 冕宁里庄和 V4 德昌大陆乡预测区。

V1 冕宁牦牛坪预测区，包括牦牛坪、三岔河、包子村、马则壳 4 个最小预测区；

V2 冕宁木洛预测区，包括碉楼山、郑家梁子、方家堡 3 个最小预测区；

V3 冕宁里庄预测区，包括里庄、新火村 2 个最小预测区；

V4 德昌大陆乡预测区，包括大陆乡 1 个最小预测区。

（二）预测区的分类

根据每个预测区不同的成矿地质条件及化探、自然重砂等综合信息，将预测区分为 A、B、C 三个类别。分别为 V1 冕宁牦牛坪、V4 德昌大陆乡 A 类预测区；V2 冕宁木洛 B 类预测区；V3 冕宁里庄 C 类预测区。

（三）成矿远景区地质评价

1. V1 冕宁牦牛坪预测区

V1 冕宁牦牛坪预测区包括牦牛坪、三岔河、包子村、马则壳 4 个最小预测区，面积 150 km²，位于冕宁县哈哈乡、森荣乡和麦地乡，大地构造位置位于康滇基底断隆带西侧边缘。成矿构造为南河—磨盘山断裂带北部的次级断裂——哈哈断裂，喜马拉雅期碱性岩－碳酸岩系列岩石沿断裂呈串珠状分布；三岔河、牦牛坪、包子村、马则壳等矿床（点）沿哈哈断裂断续分布；矿体主要呈带状、脉状，与断裂中破碎带、裂隙产状完全一致；与成矿有关碱性辉石化、萤石化、重晶石化、碳酸岩化广泛发育，区内有大、中、小型矿床和矿点分布。化探综合异常为等轴状，总面积达 170 km²，具有 3 级浓度分带，有显著的 La 异常和低缓 Y 异常显示。预测稀土资源量 668 万吨，找矿潜力大。

2. Ⅴ2冕宁木洛预测区

Ⅴ2冕宁木洛预测区包括碉楼山、郑家梁子、方家堡3个最小预测区，位于冕宁县南河乡，交通条件稍差，面积64 km²。大地构造位置位于金河—箐河前缘逆冲带东侧边缘，成矿构造为金河断裂带的次生构造，喜马拉雅期碱性岩-碳酸岩系列岩石受次生构造控制。郑家梁子中型矿床、碉楼山小型矿床、方家堡小型矿床位于其中，区内与成矿有关的围岩蚀变(碱性辉石化、萤石化、重晶石化、碳酸岩化)发育。矿体呈脉状。化探异常呈带状，东西向展布，异常面积108 km²。该异常以La为主，具有三级浓度分带，Y仅有低缓异常显示。预测稀土资源量53.6万吨，成矿地质条件有利。

3. Ⅴ3冕宁里庄预测区

Ⅴ3冕宁里庄预测区包括里庄、新火村2个最小预测区，中心紧邻冕宁里庄东侧。面积79 km²。大地构造位置位于康滇基底断隆带西侧边缘，成矿构造为南河—磨盘山断裂带北部的次级断裂——哈哈断裂南段，喜马拉雅期碱性岩-碳酸岩系列岩石沿断裂边缘呈较大的脉状分布。区内见里庄羊房沟中型矿床。为脉状矿体，区内可见与成矿有关的围岩蚀变碳酸岩化广泛发育，碱性辉石化、萤石化、重晶石化较为发育。化探综合异常位于预测区西部呈等轴状，综合异常面积76.5 km²，La元素具有三级浓度分带，无Y异常显示。异常区内La含量达361ug/g。预测稀土资源量49万吨，成矿地质条件有利。

4. Ⅴ4德昌大陆乡预测区

Ⅴ4德昌大陆乡预测区包括大陆乡1个最小预测区，位于德昌县大陆乡，面积61 km²。大地构造单元为康滇基底断隆带西侧，预测区位于区域南河—磨盘山断裂带西侧，成矿构造为大陆乡断裂其次级构造破碎带，大陆乡大型矿床位于其中。大陆乡断层穿过大陆乡稀土矿区，区内成矿岩体呈岩株状、脉状出露。与成矿有关的碱性辉石化、萤石化、锶重晶石化、钡天青石化、碳酸岩化发育。矿体呈脉状。化探异常呈纺锤形，综合异常面积41.3 km²，La元素具有三级浓度分带，无Y异常显示。异常区内La含量大于168ug/g。预测稀土资源量150.8万吨，找矿潜力大。

第三节　问题讨论

(1)牦牛坪式稀土矿成矿物质均来源于上地幔，矿床特征近似。稀土成矿带的南北两端分别有冕宁牦牛坪德昌大陆乡两个大型矿床产出。而距离最近冕宁里庄矿集区和德昌大陆乡两个矿集区之间相距约100 km。目前为止在里庄矿集区以南，大陆乡矿集区以北没有发现该类型的稀土矿产出，也没发现碱性岩-碳酸岩系列岩石出露。其原因有待进一步深入研究。

（2）离子吸附型稀土矿应是今后矿产勘查关注的重要类型之一，攀西地区有稀土含量较高的侵入岩和火山岩分布，矿点较多，物化探异常明显，安宁河西岸侵入岩、火山岩分布区有厚大的风化壳，部分地段可达 30 m 以上，如图 6-1。通过工作找到离子型稀土工业矿床的可能性较大。

（3）牦牛坪式稀土矿除主元素稀土外，还伴生有大量的萤石、重晶石等工业矿物以及 Pb、Mo、Bi、Ag 等可综合利用成分。在大陆乡稀土矿中，尚含有锶（钡）重晶石、天青石，其 SrO、BaO 含量分别达到 15.73%、4.40%，换算成 $SrSO_4$、$BaSO_4$，分别为 26.96% 及 7.14%，已达到独立锶矿床工业品位（$SrSO_4 > 25\%$）的要求。

目前多数矿山企业仅回收了稀土精矿，伴生的大量萤石、重晶石等矿物以及 Pb、Mo、Bi、Ag 等有用组分基本未回收利用，不仅造成了严重的资源浪费，而且矿山企业要消耗大量的资金，占用大量的土地修建尾矿库。四川江铜稀土有限责任公司在牦牛坪稀土矿区开展的伴生有益成分的综合回收工作，是一个良好的开端，有一定的借鉴和推广意义。

图 6-1　攀西地区某离子型稀土矿点风化壳形成的陡崖

主要参考文献

陈从德, 蒲广平. 1991. 牦牛坪稀土矿矿床特征及其成因初探. 地质与勘探, (5): 18-23.

陈毓川, 王登红等. 2010. 重要矿产和区域成矿规律研究技术要求. 北京: 地质出版社.

陈毓川. 1999. 中国主要成矿区带矿产资源远景评价. 北京: 地质出版社.

地质矿产部矿床地质研究所. 1995. 四川冕宁牦牛坪稀土矿床的成矿条件和物质成分研究(内部).

郭强, 马红熳等. 2016. 四川省重要非金属矿产成矿规律(磷、硫、芒硝、石墨、钾盐). 北京: 科学出版社.

蒋明全. 1992. 牦牛坪稀土矿床构造特征及其控矿意义. 矿床地质, 11(4): 351~358.

骆耀南. 1985. 中国攀枝花—西昌裂谷带, 中国攀西裂谷文集. 北京: 地质出版社: 1~25.

牛贺才, 林传仙. 1994. 论四川冕宁稀土矿床的成因. 矿床地质, 13(4): 345~353.

蒲广平. 1993. 牦牛坪稀土矿床成矿模式及找矿方向探讨. 四川地质学报, 13(1): 46~57.

施泽民. 1993. 牦牛坪喜马拉雅期稀土矿床的厘定及其地质意义. 四川地质学报, 13(3): 247.

四川地质矿产局. 1997. 四川省区域地质志. 北京: 地质出版社.

四川省地矿局109地质队. 1989. 四川省冕宁县里庄羊房沟稀土矿点检查报告(内部资料).

四川省地矿局109地质队. 1992. 四川省冕宁县牦牛坪稀土矿床稀土元素的赋存状态及综合利用研究报告(内部资料).

四川省地矿局109地质队. 1994. 四川省冕宁县牦牛坪稀土矿区普查地质报告(内部资料).

四川省地矿局109地质队. 1995. 四川德昌大陆槽稀土矿区DL01矿石物质成分初步研究报告(内部资料).

四川省地矿局109地质队. 1997. 四川省德昌县大陆槽稀土矿床稀土元素的赋存状态及综合利用研究报告(内部资料).

四川省地矿局109地质队. 1999. 四川省德昌县大陆乡稀土矿区地质普查报告(内部资料).

四川省地矿局109地质队. 2007. 四川省冕宁县牦牛坪稀土矿区稀土储量核实报告(内部资料).

四川省地矿局109地质队. 2010. 四川省冕宁县牦牛坪稀土矿区勘探地质报告(内部资料).

四川省地矿局109地质队. 2010. 四川省冕宁县牦牛坪稀土矿区勘探地质报告(内部资料).

四川省地矿局109地质队. 2012. 四川省冕宁县三岔河矿区稀土矿资源储量核实报告(内部资料).

四川省地矿局109地质队. 2014. 四川省德昌县大陆槽稀土矿区③号矿体资源储量核实报告(内部资料).

四川省地矿局109地质队. 2014. 四川省冕宁县羊房沟稀土矿资源尽职调查报告(内部资料).

四川省地质局第一区测队. 1964. 四川冕宁三岔河稀土矿床综合普查评价报告(内部资料).

四川省地质局西昌地质队. 1959. 四川省金矿县马颈子放射性异常点地质报告(内部资料).

四川省地质局西昌地质队. 1963. 冕宁县木落稀土矿区普查报告(内部资料).

四川省地质局西昌工作指挥部直属分队. 1966. 四川省冕宁县包子山稀土——铀矿点检查评价报告(内部资料).

四川省地质矿产局. 1990. 四川省区域矿产总结, 第五册, 稀有金属. 北京: 地质出版社.

四川省地质矿产局. 1997. 四川省岩石地层. 北京: 中国地质大学出版社.

徐志刚, 陈毓川, 王登红等. 2009. 中国成矿区带划分方案. 北京: 地质出版社.

杨光明. 1998. 四川德昌县DL稀土矿床成矿条件研究. 中国地质大学(内部资料).

袁忠信, 李建康, 王登红等. 2012. 中国稀土矿床成矿规律. 北京: 地质出版社.

袁忠信, 施泽民, 白鸽等. 1995. 四川冕宁牦牛坪稀土矿床. 北京: 地震出版社.

袁忠信等. 1993. 四川冕宁牦牛坪碱性花岗岩锆石铀-铅同位素年龄及其地质意义. 矿床地质, 12(2): 189~192.

张建东，胡世华等. 2015. 四川省地质构造与成矿. 北京：科学出版社.

周家云，沈冰等. 2006. 四川冕宁木洛稀土矿床地质特征. 稀有金属，30(4).